Asma Abdenbi

Etude des essences de deux plantes "Algérie Occidentale"

Asma Abdenbi

Etude des essences de deux plantes "Algérie Occidentale"

Etude des caractéristiques physico-chimiques et antimicrobiennes des huiles essentielles des feuilles de deux plantes

Presses Académiques Francophones

Impressum / Mentions légales
Bibliografische Information der Deutschen Nationalbibliothek: Die Deutsche Nationalbibliothek verzeichnet diese Publikation in der Deutschen Nationalbibliografie; detaillierte bibliografische Daten sind im Internet über http://dnb.d-nb.de abrufbar.
Alle in diesem Buch genannten Marken und Produktnamen unterliegen warenzeichen-, marken- oder patentrechtlichem Schutz bzw. sind Warenzeichen oder eingetragene Warenzeichen der jeweiligen Inhaber. Die Wiedergabe von Marken, Produktnamen, Gebrauchsnamen, Handelsnamen, Warenbezeichnungen u.s.w. in diesem Werk berechtigt auch ohne besondere Kennzeichnung nicht zu der Annahme, dass solche Namen im Sinne der Warenzeichen- und Markenschutzgesetzgebung als frei zu betrachten wären und daher von jedermann benutzt werden dürften.

Information bibliographique publiée par la Deutsche Nationalbibliothek: La Deutsche Nationalbibliothek inscrit cette publication à la Deutsche Nationalbibliografie; des données bibliographiques détaillées sont disponibles sur internet à l'adresse http://dnb.d-nb.de.
Toutes marques et noms de produits mentionnés dans ce livre demeurent sous la protection des marques, des marques déposées et des brevets, et sont des marques ou des marques déposées de leurs détenteurs respectifs. L'utilisation des marques, noms de produits, noms communs, noms commerciaux, descriptions de produits, etc, même sans qu'ils soient mentionnés de façon particulière dans ce livre ne signifie en aucune façon que ces noms peuvent être utilisés sans restriction à l'égard de la législation pour la protection des marques et des marques déposées et pourraient donc être utilisés par quiconque.

Coverbild / Photo de couverture: www.ingimage.com

Verlag / Editeur:
Presses Académiques Francophones
ist ein Imprint der / est une marque déposée de
OmniScriptum GmbH & Co. KG
Heinrich-Böcking-Str. 6-8, 66121 Saarbrücken, Deutschland / Allemagne
Email: info@presses-academiques.com

Herstellung: siehe letzte Seite /
Impression: voir la dernière page
ISBN: 978-3-8381-4634-8

Copyright / Droit d'auteur © 2014 OmniScriptum GmbH & Co. KG
Alle Rechte vorbehalten. / Tous droits réservés. Saarbrücken 2014

Caractéristiques Physico-chimiques et Activité Antimicrobienne de deux Essences Extraites de: *Cotula cinerea* (Gartoufa) et *Matricaria pubescens* (Ouazouaza) de la Région de Béchar « Algérie Occidentale »

Par :
MME : DENNAI NEE ASMA ABDENBI

Résumé :

Les huiles essentielles de nombreuses plantes sont devenues populaires ces dernières années et leurs principes bioactifs ont conquis récemment plusieurs secteurs industriels, cependant leur utilisation comme des antibactériens et antifongiques a été rapportée. Ce travail porte sur l'analyse physico chimique et phytochimique, avec une étude de l'activité antimicrobienne des huiles essentielles de deux plantes aromatiques et médicinales de la flore de sud-ouest Algérien ; ces huiles essentielles se sont obtenues par hydro distillation des parties aériennes de *Cotula cinerea* et *Matricaria pubscens*, ces dernières appartenant à la même famille Asteraceae, sont très répondues dans la saison printanière dans une région appelée Trik Kenadsa située à 12 km de Bechar.

La teneur en huile essentielle des plantes étudiées est de 2% pour *Cotula cinerea*, et 1,2%, pour *Matricaria pubscens*.

Des activités antibactériennes et antifongique ont été révélées vis-à-vis 7 souches à $Gram^+$ et à $Gram^-$, et de 4 souches de moisissures, en employant la méthode des disques, de Vincent et de contact direct ;

Les concentrations minimales inhibitrices des huiles essentielles, ont été déterminées par la méthode de dilution dans l'agar.

Chez la bactérie *Enterbacter cloacae*, s'est montrée la plus sensible avec une zone d'inhibition de 55 mm pour *Cotula cinerea*, et 35 mm pour *Matricaria pubscens*.

Parmi les moisissures testées ; *Penicillium expamsum* a présenté une zone d'inhibition de 43.3 mm vis-à-vis de l'huile essentielle de *Matricaria pubscens*, et *Penicillium sp*, un diamètre de 32.3 mm vis-à-vis l'huile essentielle de *Cotula cinerea*.

D'une manière générale Les huiles faisant l'objet de cette contribution ont montré une activité presque similaire contre les bactéries et les moisissures testées.

Mots clés :

Huiles essentielles, *Cotula cinerea*, *Matricaria pubescens*, analyse physico chimique et phytochimique, pouvoir antimicrobien, Béchar, Sud-ouest Algérien.

Table des matières

LISTE DES ABREVIATIONS & ACRONYMES	I
LISTE DES FIGURES	II
LISTE DES TABLEAUX	III
INTRODUCTION GENERALE	8
CHAPITRE I LES HUILES ESSENTIELLES	
1. 1 Généralité sur les huiles essentielles	12
1. 2 Introduction	12
1. 3 Répartition et localisation des huiles essentielles	12
1.4 Les méthodes d'extraction	12
1. 4.1. L'hydro distillation	12
1.4..2 Entraînement à la vapeur	13
1. 4.3. L'expression au solvant volatil	13
1. 4.4. L'extraction au CO_2 supercritique	14
1. 5 Caractéristiques physico-chimiques des huiles essentielles	14
1. 6 Pouvoir antimicrobien des huiles essentielles	14
1.6.1 Agents antimicrobiens classiques et phénomène de résistance	14
1.6.1.1 Définition et mécanismes d'action	14
1.6.1.2 Phénomène de résistance des micro-organismes aux antibiotiques	15
1. 6. 2 Usage des huiles essentielles comme agents antimicrobiens	15
1. 6.3 Méthodes d'évaluations du pouvoir antimicrobien des HE in vitro	16
1.7 Mécanisme d'action des HE sur les microorganismes	17
1. 7.1 Mode d'action contre les bactéries	17
1. 7.2 Mode d'action antifongique	17
1. 8 Dangers et toxicité des huiles essentielles	17
1. 8.1 Généralités	17
1. 8.2 Intoxication	17
1. 9 Synergie et antagonisme entre les constituants des HE	18

1. 10 Les huiles essentielles respectent la flore intestinale — 18
1. 11 Quelles perspectives pour les huiles essentielles — 18

CHAPITRE II   PRESENTATION DES PLANTES

2.1 Description de *Cotula cinerea Delile* — 21
2.1.1 Description botanique — 21
2.1.2 Habitat et répartition géographique — 21
2.1.3 Appellation et Identité taxonomique du genre *Cotula* — 21
2.1.4 Composition chimique de l'huile essentielle de *Cotula cinerea* — 22
2.1.5 Usages médicaux traditionnels — 24
2.2 Description de *Matricaria pubescens* — 24
2.2.1 Description botanique — 24
2.2.2 Habitat et répartition géographique — 24
2.2.3 Appellation et Identité taxonomique du genre *Matricaria* — 24
2.2.4 Usages médicaux traditionnels — 26
2.3 Cataplasme et application locale — 27

CHAPITRE III   MATÉRIELS ET MÉTHODES

3.1 Description de la station — 29
3.1.1 Bioclimat — 29
3.2 Echantillonnage — 30
3.3 Extraction des huiles essentielles — 30
3.3.1 Principe et appareil — 30
3.3.2 Réactifs — 31
3.3.3 Mode opératoire — 31
3.4 Conservation des huiles essentielles — 32
3.5 Rendements — 32
3.5.1 Définition — 32
3.5.2 Expression des résultats — 32
3.6 Propriétés chimiques (NORMES AFNOR) — 32
3.6.1 Indice d'acide (IA) — 33

3.6.1.1 Définition 33
3.6.1.2 Appareillage 33
3.6.1.3 Réactifs 33
3.6.1.4 Mode opératoire 33
3.6.1.5 Calcul 33
3.6.2 Indice d'ester (IE) 34
3.6.2.1 Définition 34
3.6.2.2 Appareillage 34
3.6.2.3 Réactifs 34
3.6.2.4 Mode opératoire 34
3.6.2.5 Calcul 35
3.7 Propriétés physiques (Normes AFNOR) 35
3.7.1 Teneur en eau (H%) 35
3.7.1.1 Principe 35
3.7.1.2 Mode opératoire 35
3.7.1.3 Expression des résultats 35
3.7.2 Matière minérale cendres (AFNOR, 1988) 36
3.7.2.1 Principe 36
3.7.2.2 Mode opératoire 36
3.7.2.3 Expression des résultats 36
3.7.3 Densité à 20°C 36
3.7.3.1 Définition 36
3.7.3.2 Appareillage 36
3.7.3.3 Réactifs 37
3.7.3.4 Mode opératoire 37
3.7.3.5 Calcul 37
3.7.4 Indice de réfraction à 20°C 37
3.7.4.1 Définition 37
3.7.4.2 Mode opératoire 37
3.8 Examens phytochimiques 38
3.8.1 Mise en évidence des flavonoïdes 38
3.8.2 Mise en évidence des Tanins 38
3.8.3 Mise en évidence des Alcaloïdes 38

3.8.4　Mise en évidence des Stéroles　38
3.8.5　Mise en évidence des Saponosides　39
3.8.6　Mise en évidence des Amidon　39
3.8.7　Mise en évidence des Terpènes　39
3.9　Etude du pouvoir antimicrobien des huiles essentielles de *Cotula cinerea* et *Matricaria pubescens*　39
3.9.1　Provenance des germes étudiés　39
3.9.2　Purification des germes étudiés (bactéries et moisissures)　40
3.9.3　Conservation des souches　40
3.9.4　Les milieux de culture　40
3.9.5　Préparation des prés cultures　40
3.9.5.1　Pré culture des bactéries　40
3.9.5.2　Pré culture des moisissures　41
3.9.6　Techniques d'étude du pouvoir antimicrobien des huiles essentielles de *Cotula cinerea* et *Matricaria pubescens*　41
3.9.6.1　Méthode contact direct　41
3.9.6.2　Méthode de disque « Vincent »　41

CHAPITRE IV　　**RESULTATS ET DISCUSSION**

4.1　Résultat du rendement par hydro distillation　44
4.2　Propriétés organoleptiques des huiles essentielles　46
4.2.1　Propriétés organoleptiques de l'huile de *Cotula cinerea*　46
4.2.2　Propriétés organoleptiques de l'huile de *Matricaria pubescens*　46
4.3　Résultats des tests physiques　46
4.3.1　Humidité　46
4.3.2　Cendres　48
4.3.3　Indice de réfraction (IR)　48
4.3.4　Densité relative　49
4.4　Résultats des tests chimiques　49
4.4.1　les indices (IA) et (IE)　49
4.4.2　Les tests phyto-chimiques　50
4.5　Résultat du test du pouvoir antimicrobien des huiles essentielles　51

4.5.1 Résultat de l'activité antibactérienne testée par la méthode des disques 51
4.5.2 Résultat de l'activité antibactérienne testée par la méthode de contact direct 52
4.5.3 Résultat de l'activité antifongique (moisissures) testée par la méthode des disques 55
4.5.4 Résultat de l'activité antifongique (moisissures) testée par la méthode de contact direct 57
4.6 Discussion 61

CONCLUSION 66
REFERENCES BIBLIOGRAPHIQUES 68
ANNEXES 74

INTRODUCTION

Les ressources végétales spontanées du Sahara constituent une flore d'environ 500 espèces de plantes supérieures (**Ozenda, 1983**), dont une partie reste de nos jours utilisée par les populations comme plantes médicinales.

Le Sahara, le plus vaste et le plus chaud des déserts du monde, possède dans sa partie Nord, le Sahara septentrional, une végétation diffuse et clairsemée (**UNESCO, 1960**) (**OZENDA, 1979**).

L'état de la flore spontanée dans le Sahara septentrional ainsi que les relations entre l'homme et les espèces végétales, méritent une attention particulière. Certaines espèces possèdent des propriétés pharmacologiques qui leur confèrent un intérêt médicinal.

Les remèdes naturels et surtout les plantes médicinales ont été pendant longtemps le principal, voire l'unique recours de la tradition orale pour soigner les pathologies, en même temps que la matière première pour la médecine moderne (**JEAN & JIRI, 1983**). Les plantes médicinales ont été utilisées comme une source de remèdes depuis l'antiquité.

Les livres écrits par certains travailleurs célèbres tels que rases, Ibn Sina, Ibn El-Bitar, sont toujours présentes et représentent les principales références dans les magasins à base de plantes (connu sous le nom Attar). Parmi ces livres sont El-Kanoon Fil TIB (Ibn Sina), Tazkaret Oli Albab, awood El-Antaki) et Mofradat El-Adwia (Ibn El-Bitar). Quelques gens vont encore à ces boutiques « Attareen » cherchant à base de plantes.

De nos jours, il y a une tendance croissante à l'utilisation des plantes médicinales en, qui reflète une confiance croissante dans de tels recours.

Les qualités antimicrobiennes des plantes aromatiques et médicinales sont connues depuis l'antiquité. Toutefois, il aura fallu attendre le début du 20ième siècle pour que les scientifiques commencent à s'y intéresser. Ces propriétés antimicrobiennes sont dues à la fraction d'huile essentielle contenue dans les plantes.

Le terme "huile essentielle" a été inventé au 16ième siècle par le médecin suisse Parascelsus von Hohenheim pour désigner le composé actif d'un remède naturel.

Il existe aujourd'hui approximativement 3000 huiles, dont environ 300 sont réellement commercialisées, destinées principalement à l'industrie des arômes et des parfums (**OUSSALAH et al, 2007**).

L'odeur parfumée des plantes est due en grande partie aux huiles essentielles présentes dans leur organisme. Très vite, ces composés ont intéressé l'industrie de la parfumerie et des cosmétiques,

Les huiles essentielles entrent dans la composition de parfums, de cosmétiques (shampooings, gel douches, crèmes, laits, déodorants corporels), de produits d'entretien (savons, détergents, lessives, assouplissants de textile) et de tout autre produit, comme par exemple insecticides, désodorisants d'ambiance, diffuseurs, bougies. Elles sont aussi utilisées comme arômes pour ajouter aux aliments des odeurs et/ou des saveurs. Enfin, elles ont certaines propriétés thérapeutiques et des applications en aromathérapie.

L'utilisation d'huiles essentielles est aujourd'hui « tendance ». Le nombre de produits et d'indications s'est multiplié. Bien qu'accessibles à tous, les huiles essentielles sont très concentrées en éléments chimiques actifs et peuvent représenter certains dangers pour la santé. En effet, le centre suisse de toxicologie signale chaque année des problèmes de santé dus à l'utilisation d'huiles essentielles (**DFI-OFSP, 2008**)

Les huiles essentielles ont un spectre d'action très large puisqu'elles inhibent aussi bien la croissance des bactéries que celles des moisissures et des levures. Leur activité antimicrobienne est principalement fonction de leur composition chimique, et en particulier de la nature de leurs composés volatils majeurs.

Quant à mieux savoir les propriétés physico-chimiques, phytochimiques et microbiologiques des plantes de notre région « Bechar », nous avons choisi deux plantes qui sont *Cotula cinerea* (Gartoufa) et *Matricaria pubescens* (Ouazouaza), appartenant à la même famille « Asteraceae » ; ces deux plantes sont parmi les plantes médicinales les plus utilisées par la population locale, en raison de leur propriétés médicinales.

Ce modeste travail traite dans l'ordre :
- Présentation bibliographique des deux plantes ;
- Extraction des huiles essentielles ;
- Calcul des rendements en huile essentielle ;
- Tests physicochimiques et phytochimiques ;
- Estimation de l'activité antimicrobienne des deux huiles essentielles des ces espèces végétales.

CHAPITRE 1
Les huiles essentielles

CHAPITRE I
Les huiles essentielles

1. 1 Généralité sur les huiles essentielles

1. 2 Introduction

L'huile essentielle est définie comme l'extrait naturel de plantes ou d'arbres aromatiques. Elle ne se compose que de substances aromatiques volatiles, elle est soluble dans l'huile et dans l'alcool mais pas dans l'eau (**Meynadier & Raison-Peyron, 1997**).

Les huiles essentielles, sont des composés chimiques volatils, qui se diffusent, sont secrétés à la température ordinaire, hors de la plante ou bien sont stockées dans la plante. Ce sont des produits du métabolisme secondaire (**Guy Gilly, 1997**).

- Seules les HE sont volatiles, ce qui les différencie des huiles fixes et des graisses.
- Elles se distinguent des huiles fixes par leurs compositions chimiques et leurs caractéristiques physiques.
- Elles sont fréquemment associées à d'autres substances comme les gommes et les résines (**BEKHECHI, 2002**).

1.3 Répartition et localisation des huiles essentielles

Il existe des lieux privilégiés d'élaboration, d'accumulation de ces molécules. On parle de cellules épidémiques des pétales des oléaceaes et des rosaseae, des glandes épidémiques des labiaceae, des poches sécrétrices des rutaceae, des canaux sécréteurs des ombelliféraceae. (**Guy Gilly, 1997**).

1.4 Les méthodes d'extraction

1.4.1 L'hydro distillation

L'hydro distillation est sans aucun doute le procédé chimique le plus ancien, en effet il fut importé en Europe par les Arabes entre le VIII$_{\text{ème}}$ et le X$_{\text{ème}}$ siècle mais le principe était déjà connu et utilisé par les Egyptiens dès le IVème siècle Il est aussi le plus utilisé, le plus rentable et celui convenant le mieux à l'extraction des molécules en vue d'une utilisation thérapeutique **(WILLEM, 2004)** Elle est réalisée en 2 étapes (fig 1).

La partie de la plante contenant la molécule à extraire est placée dans un ballon avec de l'eau et quelques morceaux de pierre ponce pour assurer le brassage de la solution. En chauffant, l'eau s'évapore entraînant avec elle les molécules aromatiques. En passant dans un réfrigérant, l'eau se condense. Elle est ensuite récupérée dans un erlenmeyer où il est possible de distinguer 2 phases bien distinctes : l'huile essentielle, et dessous l'eau aromatique (ou hydrolat) chargée d'espèces volatiles contenues dans la plante et ayant une densité plus élevée **(CNDP, 2000)**.

Les deux phases contenues dans l'erlenmeyer sont ensuite transférées dans une ampoule à décanter. Après avoir laisser reposer le contenu quelques secondes, il est possible d'éliminer totalement l'eau aromatique **(WILLEM, 2004)**, Il ne reste alors plus que l'huile essentielle dans l'ampoule à décanter. Cette opération est appelée relargage.

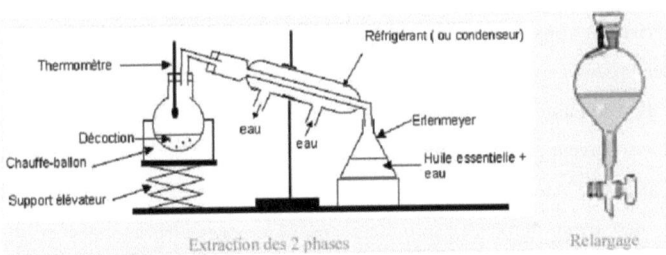

Figure 1 : Schéma du montage d'extraction des huiles essentielles par hydro distillation
(WILLEM, 2004)

1.4.2 Entraînement à la vapeur

Selon **Bruneton (1991)**, c'est un type de distillation, le végétal n'est pas en contact avec de l'eau ; la vapeur d'eau est injectée au travers la masse végétale disposée sur des plaques perforées **(Bereksi, 2006)**.

1.4.3 L'expression au solvant volatil

L'avantage de cette méthode est qu'elle ne demande aucune énergie mécanique, elle est totalement passive. Néanmoins, l'inconvénient majeur est la possibilité de traces de solvants si l'évaporation n'est pas totale. De plus, l'utilisation de solvants [benzène (C6H6)- hexane (C6H12)] implique des consignes strictes de sécurité (**Académie d'Amiens, 2005**).

1.4.4 L'extraction au CO2 supercritique

C'est une nouvelle technique ; Le terme supercritique signifie que le CO_2, sous pression et à une température de 31°C, se trouve entre l'état liquide et l'état gazeux. Lorsqu'il est dans cet état, le CO_2 est capable de dissoudre de nombreux composés organiques et c'est cette même propriété dont les fabricants se servent pour extraire les huiles essentielles.

La matière végétale est chargée dans l'extracteur où est ensuite introduit le CO_2 supercritique sous pression et réfrigéré. Le mélange est ensuite recueilli dans un vase d'expansion où la pression est considérablement réduite. Le CO_2 s'évapore et il ne reste plus que l'huile essentielle. Cette méthode est très prometteuse car le produit obtenu est proche du naturel et sans trace de solvant. De plus le CO_2 est non toxique, incolore, inodore et inflammable, ce qui permet des conditions de sécurité supérieures (**WEISS, 2002**).

1.5 Caractéristiques physico-chimiques des huiles essentielles

Si ces produits sont tous volatils, ils n'ont pas les mêmes propriétés physico-chimiques. Il y'a aussi des synergies ; une molécule en l'absence d'une autre molécule, bien souvent à l'état de traces peut prendre des valeurs olfactives toutes différentes, ainsi que le toucher (sensation de fraicheur du menthol)

On trouve, des mono terpènes, sesquiterpènes, diterpènes, tri terpènes et des tetraterpènes. Si dans la plante on rencontre des terpènoides libres, insolubles, odorants, qui s'accumulent dans les glandes et tissus spécialisés ; il en est d'autres, dits par **Terssière(1991)** « associés » le plus souvent à des glucosides. Ce sont des formes inodores, solubles, distribués dans tous les tissus de la plante (**Guy Gilly, 1997**).

1.6 Pouvoir antimicrobien des huiles essentielles

1.6.1 Agents antimicrobiens classiques et phénomène de résistance

1.6.1.1 Définition et mécanismes d'action

Sehnan & Waksman. (1942) ont défini le terme d'antibiotique comme un dérivé, produit par les métabolismes des micro-organismes possédant une activité antibactérienne à faible concentration et n'ayant pas de toxicité pour l'hôte (**Berche, 1997**).

C'est une molécule toxique pour un groupe cible de micro-organismes, de mode d'action spécifique, active à de faibles concentrations. Schématiquement, l'action antimicrobienne s'exerce sur différentes cibles de la cellule procaryote :
- une inhibition de la synthèse des constituants de la paroi ;
- un blocage de la synthèse des protéines (traduction) ou des acides nucléiques (réplication et transcription) ;
- une altération du fonctionnement de la membrane cytoplasmique ;
- une inhibition de la synthèse de divers métabolites (**Marrouki, 2007**).

1.6.1.2 Phénomène de résistance des micro-organismes aux antibiotiques

Selon **Guildin & Lucet. (1991)**, l'industrialisation des produits antibiotiques, a permis l'éradication des infections bactériennes, en même temps des formes de résistances ont été révélées. Ces souches résistantes, elles sont soit naturelles « souches sauvages », soient elles sont acquises ; la résistance acquise est le résultat d'une mutation ponctuelle de l'ADN ou d'une acquisition d'un plasmide après d'une souche déjà résistante (**Marrouki, 2007**).

1.6.2 Usage des huiles essentielles comme agents antimicrobiens

Divers travaux, ont démontré le pouvoir antimicrobien des HE, proposant leurs activités dans de nombreux domaines.

- **En pathologie infectieuse :**

Le terme « aromathérapie » crée en 1928 par un pharmacien français, R.M.Gattefossé, désigne l'emploi des HE issues des plantes aromatiques pour traiter les pathologies (**Beriksi, 2006**)

- **En agroalimentaire :**

Les HE ont un effet inhibiteur sur diverses bactéries responsables de la pollution de certains produits alimentaires (viandes et les produits carnés, les poissons, les fruits et les légumes et les produits laitiers). Ainsi que certains champignons qui causent la détérioration des produits utilisés en boulangerie ; En plus, ces HE qui sont naturellement volatils, ont permis leurs utilisation en phase vapeur, soit contre des champignons isolés de produits alimentaire, soit contre des moisissures responsables de la détérioration des denrées alimentaires lors de leur entreposage.

- **En traitement de l'air :**

L'activité des HE sous forme de vapeur ne provoque pas une incidence sur les supports et l'environnement, dans les conditions usuelles d'utilisation, ce qui permet ainsi l'assainissement de l'atmosphère de locaux (musées et archives)

> **En milieu hospitalier :**

Ces produits naturels ont un intérêt dans la désinfection préventive, dû à la complexité de leur composition chimique, et de l'originalité de leur propriété physique et de leur activité antimicrobienne **(Marrouki, 2007)**.

1.6.3 Méthodes d'évaluations du pouvoir antimicrobien des HE in vitro

Selon **Janssen** *et al.* **(1986)**, Il existe trois méthodes principales pour tester l'activité antifongique et antibactérienne : La méthode de diffusion de disque, la méthode de contact direct en milieux liquide et solide, et la méthode de micro atmosphère **(Marrouki, 2007)**.

- **Méthode de diffusion des disques en milieu solide (Aromatogramme) :**

Cette méthode a le même principe que celle de l'antibiogramme classique par la méthode de disque ; Dans le cas où l'HE exerce un effet inhibiteur sur la souche microbienne, elle diffuse à partir du disque en créant halot claire autour du disque (zone d'inhibition) dans le milieu gélosé préalablement ensemencé par la souche microbienne ; en mesurant le diamètre de cette zone d'inhibition afin d'estimer l'activité de ces produits naturels.

- **Détermination de la concentration minimale inhibitrice (CMI) par la méthode des dilutions :**

La concentration inhibitrice (CMI) est le paramètre le plus utilisé pour étudier l'action des antibiotiques. Le principe de la méthode consiste à disperser l'HE, à des concentrations variables, dans le milieu de culture liquide ou solide puis observer la présence ou l'absence de la croissance du microorganisme après un temps d'incubation. La CMI est la plus faible concentration d'HE inhibant la croissance du microorganisme **(Marrouki, 2007)**.

- **Détermination de la quantité minimale inhibitrice (QMI) par la méthode de micro atmosphère :**

Cette méthode teste l'activité inhibitrice des composés volatils des HE sur les microorganismes, mise au point par **Kellner & Kobert (1955)**, rapportée par **Pellucuer** *et al.* **(1984)** et modifiée par **Benjilali** *et al.* **(1984)**. Le principe est d'ensemencer les microorganismes en présence de différentes quantités d'HE qui s'évaporent à partir des disques en inhibant la croissance des microorganismes. Ces disques imprégnés de différentes quantités d'HE sont mis sur le couvercle d'une boite de Pétri inversée. La QMI correspond à la plus faible quantité d'HE provoquant l'inhibition de la croissance microbienne (**Marrouki, 2007**).

1.7 Mécanisme d'action des HE sur les microorganismes

1. 7. 1 Mode d'action contre les bactéries

D'une manière générale leur action se déroule en trois phases :

- Attaque de la paroi bactérienne par l'huile essentielle, provoquant une augmentation de la perméabilité puis la perte des constituants cellulaires.

- Acidification de l'intérieur de la cellule, bloquant la production de l'énergie cellulaire et la synthèse des composants de structure.

- Destruction du matériel génétique, conduisant à la mort de la bactérie (**OUSSALAH et al. 2007**)

1.7.2 Mode d'action antifongique

Les HE ciblent principalement, la paroi et les membranes cellulaires et nucléaire, en causant la réduction de la production des spores et des aflatoxines (**Marrouki, 2007**). Les HE agissent sur la respiration de certains levures (**Cox et al. 2000**) et champignons filamenteux (**Marrouki, 2007**).

1.8 Dangers et toxicité des huiles essentielles

I.8.1 Généralités

Pour choisir une bonne huile essentielle, il ne faut l'acheter que chez un revendeur sérieux et observez l'étiquette. On doit y trouver: la mention « Huile 100% pure et naturelle », l'espèce botanique exacte de la plante distillée, l'organe producteur, les spécificités biochimiques ou principes actifs. Les huiles essentielles de mauvaise qualité ne donneront pas les résultats attendus. Le flacon doit être hermétiquement fermé et l'huile doit être à l'abri de la lumière et de la chaleur. Dans de bonnes conditions, une huile essentielle se conserve 5 ans (**BALZ, 1986**).

1.8.2 Intoxication

Les molécules aromatiques présentent dans les huiles étant très puissantes, une ingestion accidentelle peut, selon la sorte et la quantité, générer une toxicité élevée voir un coma et même la mort.

Les huiles essentielles présentant une certaine toxicité sont celles contenant de l'acétone comme l'absinthe, l'anis, le fenouil, le romarin, la menthe, le thuya, la sauge officinale.

Par usage oral, il faut éviter l'absorption sur estomac vide et chez les personnes atteintes d'infections des voies digestives hautes (**WILLEM, 2004**).

1.9 Synergie et antagonisme entre les constituants des HE

En général chaque HE contient un ou plusieurs composants majoritaires avec de nombreux composants minoritaires qui lui confèrent son activité. Ces composés peuvent exercer une action synergétique ou antagoniste (**Freidman et al. 2002**). Des études ont démontré que l'action antimicrobienne du mélange des composés majoritaires est moins importante par rapport à l'utilisation de l'HE. Ce qui laisse suggérer le rôle déterminant que joue les composés minoritaires, exerçant un effet synergétique avec les composants majoritaires (**Marrouki, 2007**).

1.10 Les huiles essentielles respectent la flore intestinale

Le traitement d'une infection se fait dans la plupart des cas à travers une antibiothérapie qui a pour résultat une guérison quasi instantanée. Mais un des effets secondaires de ce traitement est la destruction d'une partie de la flore saprophyte en charge de notre immunité. Le malade peut alors entrer dans un cercle vicieux où plus il prendra d'antibiotiques, plus son immunité diminuera et plus le risque de récidive infectieuse sera important. Différentes publications soulignent que les huiles essentielles respectent la flore intestinale (**Ahmad N et al. 2005 ; Baratta M.T et al. 1998 ; Burt S.A, 2003 ; Chami F et al. 2005 ; Chami N. et al. 2004 ; Dorman & Deans 2000 ; Hammer K.A et al. 1999 ; Ohno T et al. 2003 ;Onawunmi G.O et al. 1984 ; Pattnaik S et al.1998; Inouye S et al. 2001 ; Rayour et al. 2003**).

1.11 Quelles perspectives pour les huiles essentielles ?

Chaque huile essentielle possède une activité spécifique variable selon les microorganismes et les conditions environnementales, le recours aux huiles essentielles afin de réduire ou remplacer les agents de conservation chimiques ou synthétiques en très faibles quantités est envisageable en raison de leur grande efficacité, contrairement à certains additifs comme les sels ou les épices entières. Leur utilisation combinée à d'autres procédés de conservation en ferant certainement dans les prochaines années l'agent antimicrobien naturel incontournable pour améliorer la durée de vie des aliments. En outre, l'ajout d'huile essentielle dans un aliment pourrait lui conférer une valeur nutraceutique.

D'autres propriétés des huiles essentielles, notamment antiparasitaire, insecticide, antifongique et antivirale sont actuellement à l'étude par plusieurs équipes, dont la notre, pour répondre aux exigences de l'agriculture biologique en développant des bio pesticides ou des suppléments alimentaires pour animaux, enrichis en substances naturelles efficaces contre les infections. À plus ou moins long terme, ces travaux pourraient être une réponse face au problème des antibiotiques et de leur résistance, et avoir une application en santé humaine et animale (**OUSSALAH *et al.* 2006**).

Leur champ d'activité est très vaste, de la médecine à la cosmétique. Les huiles essentielles sont ainsi décrites avec leurs caractéristiques de posologies et de contre-indications (**Willem, 2002**).

CHAPITRE 2
Présentation des plantes

CHAPITRE II
Présentation des plantes

Dans le Maghreb, la famille Asteraceae est parmi les familles les plus représentatives en nombre d'espèces, elle renferme 30 espèces. D'où les espèces qu'on va étudier dans ce travail qui sont : *Matricaria pubscens* et *Cotula cinerea*, qui sont des espèces endémiques d'affinité sahariennes (**KAABECHE, 2003**). La famille Asteraceae est une immense famille contenant plusieurs plantes ornementales et médicinales (**Tang et al ; 2000**).

2.1 Description de *Cotula cinerea* Delile

2. 1. 1 Description botanique

C'est une plante Herbacée vivace à 25 cm de hauteur (fig 2 et 3); tiges ramifiées depuis la base, blanc pubères. Feuilles alternes, en forme de spatule ou ovales (**BEENTJE,2002**),Feuilles laineuses blanchâtres, divisées dans leur partie supérieur en 3 à 5 dents; tiges de 10-40 cm, couchées puis redressées; capitules de 6 à 10 mm de diamètre, à fleurs toutes tubuleuses, brunes en boutons puis jaune d'or lorsqu'elles s'ouvrent. Très commun dans tout le Sahara, notamment dans les sols un peu sablonneux (**Ozenda, 1958**).

2. 1.2. Habitat et répartition géographique

Très commun dans tout le Sahara, notamment dans les sols un peu sablonneux (**Ozenda, 1958**). Saharo-arabic. (**Abdoun, 2002**).

2.1.3 Appellation et Identité taxonomique du genre *Cotula*

Famille : Asteraceae (Composetea)
Synonymie : *Brocchia cinerea (Delile) Vis.* [@1]
Nom latin : *Cotula cinerea* D.
Noms vernaculaires:
En Algérie ; l'espèce *Cotula cinerea* est appelée Gartoufa baida à Bechar, Chouihiya à El Goléa et Ouargla). (**MAIZA et al. 1993**), tandis à Tassili on l'appelle Takkelt et Gartoufa (**Abdoun, 2002**).

Cotula est le genre de plante à fleurs de la famille des Asteraceae. Il comprend environ 80 espèces de plantes connues généralement sous forme de boutons de l'eau. Les espèces de ce genre peuvent considérablement varier dans leur habitude, division de la feuille, réceptacle et akènes. Il est donc difficile de les définir par comparaison de leur morphologie. Le genre peut être définie qu'en regardant les corolles de leurs fleurs. Ces corolles peuvent être tubulaires, réduits, voire absents. **(Jakubowsky & Mucina, 2007)**. Brocchia cinerea, qui a été considérée comme étroitement liée à *Cotula* en raison de sa corolle à 4 lobes de fleurons **(Oberprieler, 2004)**

Cladus:Eukaryota
Regnum:Plantae
Divisio:Magnoliophyta
Classis:Magnoliopsida
Ordo:Asterales
Familia:Asteraceae
Subfamilia:Asteroideae
Tribus:Anthemideae
Subtribus:Unassigned
Genus:*Cotula*
Species: *Cotula cinerea* Delile

Figure 2: *Cotula cinerea* dans la région de Bechar « Algérie occidentale »

(Andrews, 1950–1956 ; Humbert, 1936 ; Ozenda, 1977 ; Quézel & Santa. 1962–1963 ; Täckholm, 1974 ; Turrill, *et al.* 1952 ; Zohary & Feinbrun-Dothan. 1966).

2. 1. 4. Composition chimique de l'huile essentielle de *Cotula cinerea*

Une Huile essentielle a été extraite de la tige et les fleurs de C. cinerea des rendements respectivement enregistrés de 0,15% et 0,40%. Vingt-trois constituants ont été identifiés par GC-MS, dont les principales sont le camphre (50% d'huile) et β-thuyone (14,4%) (Fournier *et al.* 2006).

Figure 3 : *Cotula cinerea* dans la nature
http://www.sahara-nature.com/plantes.php?aff=nom&plante=cotula%20cinerea

2. 1. 5 Usages médicaux traditionnels

Plante éventuellement broutée par les chèvres. Cette plante étant très aromatique est utilisée pour parfumer le troisième thé ou en condiment ayant des propriétés médicinales reconnues, utilisées en infusion pour faciliter la digestion [@1]. L'utilisation médicinale de *Cotula cinerea* varie d'une région à l'autre :

Les parties utilisées sont : les parties aériennes ; soit les fleurs en infusion, ou bien usage interne (**Abdoun, 2002**).

- El Goléa : coliques, aromatise le thé
- Bechar: insolation, coliques, toux et le refroidissement broncho-pulmonaire.
- Ouargla : coliques, diarrhée, parfume le lait (**MAIZA *et al*, 1993**).
- Tassili: maladies Digestives, constipation, colique (**Abdoun, 2002**).

2.2 Description de *Matricaria pubescens*

2. 2. 1 Description botanique

C'est une plante à tige couchées puis redressées, (fig 4 et 5), nombreuses, en touffes, à feuilles découpées velues et d'un vert sombre ; fleurs toutes en tubes ; akène surmonté d'une écaille membraneuse plus longue que lui, rejetée sur un coté et ayant l'aspect d'une ligule (**Ozenda, 1958**).

2. 2. 2 Habitat et répartition géographique

Selon **Ozenda. (1958)**, cette espèce correspond à une végétation Commune dans tout le Sahara septentrional et centrale. Endémique au Nord d'Afrique (**Abdoun, 2002**).

2. 2. 3 Appellation et Identité taxonomique du genre *Matricaria*

Nom latin : *Matricaria pubescens* (Desf.) Schultz

Nom vernaculaires : la dénomination se diffère d'une région à l'autre :

Algériens : L'espèce *Matricaria pubescens* est appelée Gartoufa à El goléa et Ouargla, et est nommée aussi Ouazouaza à Bechar (**MAIZA K *et al.* 1993**) bien que à Tassili, on l'appelle aynasnis (**Abdoun, 2002**).

Synonymes :

- *Chamomilla pubescens* (Desf.) Alavi et Jaffri,
- Chlamydophora pubescens Coss et DR. [@2]

Figure 4: *Matricaria pubescens* dans la nature
http://www.sahara-nature.com/plantes.php?aff=nom&plante=matricaria%20pubescens

Le genre Matricaire (*Matricaria*) appartient à la famille des Asteraceae (ou Composées). *Matricaria* vient de *matrix, femelle, matrice*, la plante facilite et soulage les douleurs des règles; Enfin le genre *Tripleurospermum* serait soit synonyme du genre *Matricaria*, soit un genre proche. Certaines espèces telle que *Matricaria perforata* ayant le nom de genre *Tripleurospermum perforatum* valide [@3].

Cladus:Eukaryota
Regnum:Plantae
Cladus:Angiospermae
Cladus:Eudicots
Cladus:coreeudicots
Cladus:Asterids
Cladus:EuasteridsII
Ordo:Asterales
Familia:Asteraceae
Subfamilia:Asteroideae
Tribus:Anthemideae
Genus:*Matricaria*
Species: *Matricaria recutita*

Figure 5 : Matricaria pubescens dans la région de Béchar « Algérie occidentale »

(Applequist, 2002 ; Bisset, 1994 ; Clapham *et al.* 1962 ; Cronquist *et al.* 1972 ; Davis, 1965–1988 ; Douglas, 1995 ; Duke *et al.* 2002 ; Eriksson *et al.* 1979 ; Gleason & Cronquist, 1963 ; Greuter, 1976 ; Grierson, 1974 ; Jarvis *et al.* 1992 ; Jeffrey, 1979 ; Komarov *et al.* 1934–1964 ; Leung & Foster. 1996 ; Lewis, 1992 ; Markle *et al.* 1998 ; McGuffin *et al.* 2000 ; Meikle, 1977–1985 ; Mouterde, 1966 ; Rehm, 1994 ; Scoggan, 1978 ; Rechinger, 1963–1979 ; Toman & Starý, 1965 ; Stace, 1995 ; Tutin *et al.* 1964–1980 ; Vossen & Wessel, 2000 ; Zohary & Feinbrun-Dothan. 1966).

2. 2. 4 Usages médicaux traditionnels

L'utilisation médicinale de cette plante varie d'une région à l'autre :

Soit on utilise toute la partie aérienne, soit les fleurs en infusion ou bien en usage interne **(Abdoun, 2002)**.

- El Goléa : rhumatismes, courbatures, toux, allergies, affections toux, dysménorrhée, piqûre de scorpions, déshydratation, dentition, - affections oculaires, allergies
- Bechar: toux, allergies, affections oculaires
- Ouargla : toux, dysménorrhée, piqûre de scorpion et allergie **(MAIZA *et al.* 1993)**

- Tassili : En Pédiatrie : rougeole, chirurgie dentaire, fièvre Dysménorrhée, contraction des muscles (**Abdoun, 2002**).

2.3 Cataplasme et application locale

Avec la plante fraîche hachée ou de la plante séchée pulvérisé une pâte est faite avec de l'eau ou d'huile, ou il est incorporé dans le beurre locale. Cette technique est utilisée pour appliquer des lotions, des crèmes analgésiques et antiparasitaires et la plupart des remèdes indiqués pour les douleurs rhumatismales.

Un bain de vapeur et d'inhalation, est recommandé pour les patients qui souffrent de douleurs rhumatoïdes. La partie atteinte ou tout le corps est exposé à la vapeur, qui vient des plantes fraîches trempées dans l'eau et chauffé (braises en général). Cette procédure est également utilisée pour les rhumes et les maladies causées par le froid (**Abdoun, 2002**).

Il a été remarqué dans le Sahara septentrional et de l'Ahaggar que les troubles nerveux touchent une petite partie de la population, les pratiques populaires utilisées par cette population prendrant en considération les notions de doses et la toxicité, donc des espèces comme colocynthis Citrullus et muticus Hyoscyamus sont utilisées avec prudence et seulement par quelques tradi-praticiens.

Nous avons noté partout la nécessité de protéger la flore, être Conscient des phénomènes de dégradation du patrimoine, et éviter d'utiliser les parties souterraines et de ne pas aggraver les phénomènes de la désertification
(**Maiza *et al*. 1990** ; **Maiza *et al*., 1992** ; **Maiza *et al*., 1993a** ; **Maiza *et al*. 1993b** ; **Maiza *et al*.1995** ; **Maiza *et al*. 2005**)

CHAPITRE 3
MATÉRIELS ET MÉTHODES

CHAPITRE III
Matériels et méthodes

3.1 Description de la station
La ville de Bechar, est située à 950 Km au sud ouest d'Alger; (fig 6).

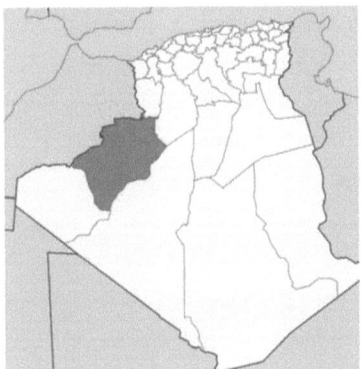

Figure 6: le zonage de la wilaya de Bechar dans l'Algérie

(http://fr.wikipedia.org/wiki/B%C3%Béchar)

3.1.1 Bioclimat
Le climat est un facteur très important en raison de son influence prépondérante sur les zones arides.

Superficie : + de 5000Km².
Latitude : 31°37'0N
Longitude : 2°13'0W
Altitude : 747 mètres

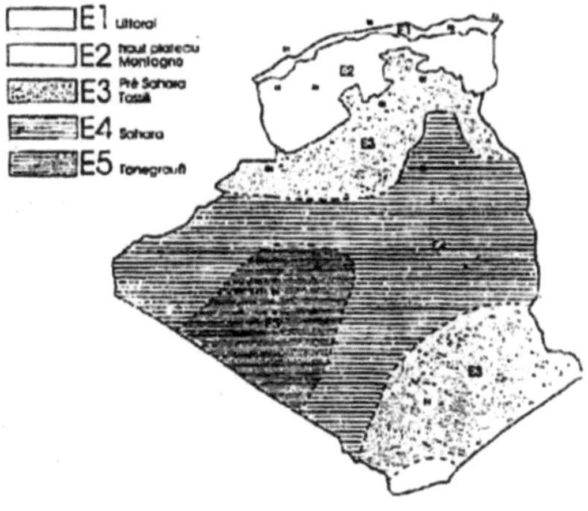

E1 Littoral
E2 Haut plateau Montagne
E3 Pré Sahara Tassili
E4 Sahara
E5 Fanegrault

Figure 7: Zonage climatique en Algérie
(Ouvrage, Recommandations Architecturales', ENAG Edition, Alger).

La ville appartient à la zone climatique d'été E3 (très chauds et très secs), et celle d'hiver H3a (très froids la nuit par rapport au jour), avec deux saisons principales (été et hiver). Avec une forte insolation, dépassant les 3500 h/an, et un intense rayonnement solaire direct qui peut atteindre 800 W/m^2 sur un plan horizontal, le climat de Bechar présente un régime thermique très contrasté. En été, la température dépasse facilement les 50 °C à l'ombre, et l'humidité relative reste faible autour de 27 %, par ailleurs, en hiver la température extérieure peut descendre à -5 °C la nuit avec des précipitations rares et irrégulières. En plus de ces caractéristiques défavorables, on assiste pendant les demi-saisons à de violents vents de sables qui peuvent atteindre 100 km/h (**Mokhtari et al. 2008**).

3.2 Echantillonnage

Les matières végétales utilisées pour l'extraction des huiles essentielles sont composées de parties aériennes de *Cotula cinerea* D et *Matricaria pubescens*, récoltées durant la saison printanière de l'année 2009, à partir d'une région située à 12 km de la wilaya de Bechar « route de kenadza ».

3.3 Extraction des huiles essentielles

Le prélèvement des plantes a été réalisé entre le 04/02/2009 et 03/05/2005. Le matériel végétal est séché à la température ambiante et à l'abri de la lumière.

Après séchage du matériel on procède à l'extraction par la technique d'hydro distillation (fig 8).

3.3.1 Principe et appareil

La distillation en laboratoire repose sur le principe de l'hydro distillation, on a utilisé un appareil de type Klavenger, Le matériel nécessaire :

- Ballon à distiller de 6 litres
- Chauffe ballon
- Réfrigérant
- Thermomètre
- Balance de précision
- Ampoule à décanter

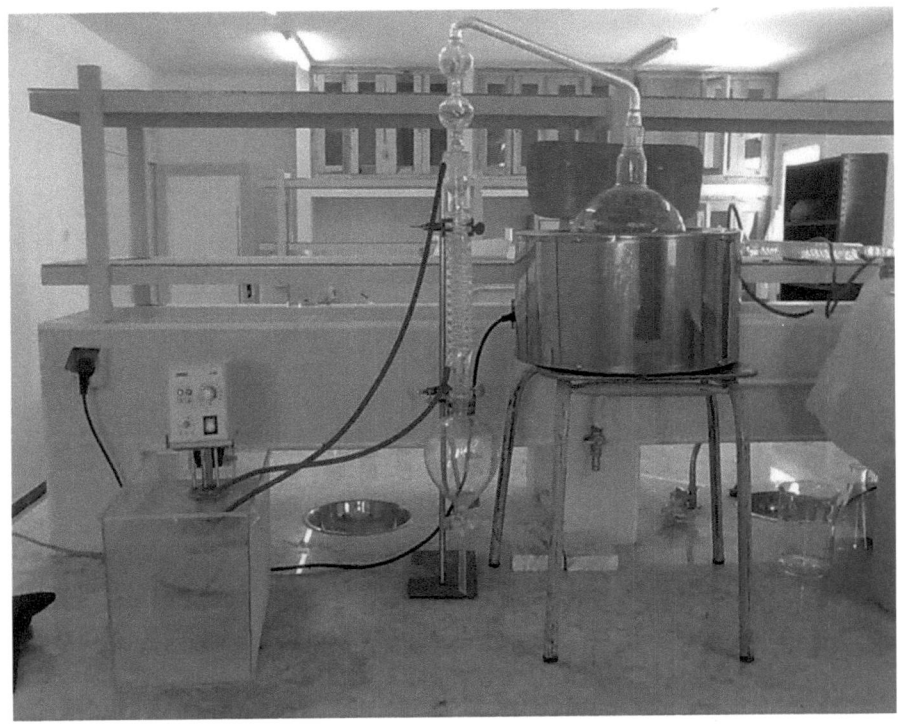

Figure 8 : Extraction des huiles essentielles par hydrodistillation

3.3.2 Réactifs

Eau de distillation.

3.3.3 Mode opératoire

Nous avons utilisé la méthode d'hydro distillation pour l'extraction des huiles essentielles des deux plantes.

Peser 300 g du matériel végétal (partie aérienne). Mettre de l'eau dans le ballon de 6 litres de volume et chauffer (Fig 8). Le matériel végétal ne sera déposé dans le ballon qu'une fois la température de 50°C atteinte.

Charger le ballon rapidement et mettre le couvre ballon et le réfrigérant. S'assurer de l'étanchéité des différents raccords en posant un collier et en mettant de la vaseline. L'huile essentielle est récupérée en fin de distillation dans une ampoule à décanter et laissée à décanter une nuit. Le temps de distillation est 3h. (Jusqu'au il y'a plus d'huile essentielle qui sorte de la plante et que la quantité reste la même dans l'ampoule à décanter)

L'eau est physiquement séparée d'huile essentielle : l'eau dans la partie inférieure et l'huile essentielle dans la partie supérieure.

NB : après chaque fois que l'ampoule est remplie par le mélange Eau/Huile, il faut récupérer l'eau et le remettre avec la plante (dans le Ballon).

3.4 Conservation des huiles essentielles

On récupère l'huile essentielle à l'aide d'une micropipette, et pour enlever toute trace d'eau, on ajoute une petite quantité de Na_2SO_4 (Sulfate de magnésium) qui a la capacité d'absorber toute molécule d'eau ; On obtient une huile anhydride. Les huiles essentielles obtenues sont conservées au réfrigérateur (0-4°C), dans des petits flacons fermés hermétiquement et enveloppés d'un aluminium, afin d'éviter toute dégradation de l'air et de la lumière.

3.5 Rendements

3.5.1 Définition

Selon **Carré (1953)**, le rendement en huile essentielle est défini comme étant le rapport entre la masse d'huile essentielle obtenue et la masse végétale sèche à traiter **(Bekhechi, 2001)**.

3.5.2 Expression des résultats

Les différents rendements en huile essentielle sont déterminés par la formule suivante :

$$R^{mt} = (m/m_0) \times 100$$

Où :

R^{mt} : rendement en huile essentielle exprimé en pourcentage,

m : masse en gramme de l'huile essentielle,

m_0 : masse en gramme de la masse végétale à traiter.

Le poids de l'huile essentielle est obtenu par différence de pesé du petit flacon taré sur la balance analytique.

3.6 Propriétés chimiques (Normes AFNOR)

Une huile de très haute qualité aura donc une densité relative, un pouvoir rotatoire et un indice d'ester plus élevé qu'une huile de basse qualité, mais aura un indice de réfraction plus bas.

Toutes les méthodes d'analyse et les formules présentées dans ce paragraphe proviennent du recueil de normes AFNOR **(AFNOR, 2000)**.

3.6.1 Indice d'acide (IA)
3.6.1.1 Définition
Le l'indice d'acide est le nombre de milligrammes d'hydroxyde de potassium nécessaire à la neutralisation des acides libres contenus dans 1 gramme d'HE. La neutralisation des acides libres se fait par une solution éthanolique d'hydroxyde de potassium titrée.

3.6.1.2 Appareillage
- Dispositif de saponification comprenant un ballon en verre résistant aux alcalis, de capacité de 100 ml, à col rodé auquel peut être adapté un réfrigérant à reflux ;
- Pipettes pasteur en verre ;
- Burette, de 10 ml de capacité, graduée en 0,02 ml ;
- Balance analytique, précise à 0,001 g près.

3.6.1.3 Réactifs
- Ethanol, à 95% (en volume) à 20°C, récemment neutralisé par la solution d'hydroxyde de potassium, en présence de l'indicateur coloré utilisé pour la détermination.
- Hydroxyde de potassium, solution éthanolique étalon, [KOH] = 0,02 mol/l, titrée avant chaque série d'essais.
- Indicateur coloré, phénophtaléine

3.6.1.4 Mode opératoire
Peser, environ 2 g de l'échantillon pour l'essai (HE). Introduire la prise d'essai dans le ballon. Ajouter 5 ml d'éthanol neutralisé et 5 gouttes au maximum d'indicateur. Titrer le liquide avec la solution d'hydroxyde de potassium contenue dans la burette. Poursuivre l'addition jusqu'à obtention du virage de la solution persistant pendant 30 sec. Noter le volume de solution d'hydroxyde de potassium utilisé. Mettre en réserve le ballon et son contenu pour la détermination de l'indice d'ester.

3.6.1.5 Calcul
L'indice d'acide (IA) est donné par l'équation suivante :
$$IA = 5.61 \times V / m$$
Où :
V : volume en ml de KOH utilisé m : masse en g de la prise d'essai

3.6.2 Indice d'ester (IE)
3.6.2.1 Définition

L'indice d'ester (IE) est le nombre de milligrammes d'hydroxyde de potassium nécessaire à la neutralisation des acides libérés par l'hydrolyse des esters contenus dans 1 gramme d'huile essentielle. L'hydrolyse des esters présents dans l'huile essentielle se fait par chauffage, dans des conditions définies, en présence d'une solution éthanolique titrée d'hydroxyde de potassium et dosage en retour de l'excès d'alcali par une solution titrée d'acide chlorhydrique.

3.6.2.2 Appareillage
- Pipette jaugée, de 20 ml de capacité.
- Burette, de 25 ml de capacité, graduée en 0. 05 ml.
- Manteau chauffant.

3.6.2.3 Réactifs
- Ethanol, à 95% (en volume) à 20°C, récemment neutralisé par la solution d'hydroxyde de potassium, en présence de l'indicateur coloré utilisé pour la détermination.
- Hydroxyde de potassium, solution éthanolique étalon, [KOH] = 0,5 mol/l, titrée avant chaque série d'essais.
- Acide chlorhydrique, solution titrée, [HCl] = 0,5 mol/l à 20 °C.
- Indicateur coloré, phénophtaléine.

3.6.2.4 Mode opératoire

Cette détermination est effectuée sur la solution provenant de la détermination de l'indice d'acide. Ajouter 25 ml de la solution d'hydroxyde de potassium ainsi que des fragments de pierre ponce dans le ballon provenant de la détermination de l'indice d'acide. Adapter le réfrigérant à reflux au ballon, et le placer ensuite sur le manteau chauffant. Maintenir le ballon sur le manteau chauffant pendant une heure à 100°C. Laisser refroidir le ballon et démonter le tube. Ajouter 20 ml d'eau, puis cinq gouttes de solution de phénolphtaléine. Titrer l'excès d'hydroxyde de potassium avec la solution d'acide chlorhydrique. En parallèle à la détermination, effectuer un essai à blanc, dans les mêmes conditions mais en prenant soin d'ajouter 5 ml d'éthanol neutralisé avant d'ajouter les 25 ml de solution d'hydroxyde de potassium (ce volume correspond au volume introduit lors de la détermination de l'indice d'acide).

3.6.2.5 Calcul

L'indice d'ester (IE) est donné par l'équation suivante :

$$IE = 28,05/m \times (V_0 - V_1) - IA$$

Où :

Vo : volume en ml d'HCl pour le blanc ;

V1 : volume en ml d'HCl pour la détermination ;

m : masse de la prise d'essai ;

IA : indice d'acide.

3.7 Propriétés physiques (Normes AFNOR)

Une huile de très haute qualité aura donc une densité relative, un pouvoir rotatoire et un indice d'ester plus élevé qu'une huile de basse qualité, mais aura un indice de réfraction plus bas.

Toutes les méthodes d'analyse et les formules présentées dans ce paragraphe proviennent du recueil de normes AFNOR (**AFNOR, 2000**).

3.7.1 Teneur en eau (Audigie et al, 1980)

3.7.1.1 Principe

Il consiste en une dessiccation du matériel végétal dans une étuve isotherme (100 – 105 ° C) jusqu'à poids constant.

3.7.1.2 Mode opératoire

- Sécher à l'étuve des couvercles de boite de pétrie en verre.
- Laisser refroidir au dessiccateur pendant 20mn.
- Tarer les couvercles, puis verser dans chacun environ 2g de l'échantillon broyé.
- Peser l'ensemble (couvercle + échantillon) et placer le dans l'étuve pendant 3h à 103° C.
- Laisser refroidir au dessiccateur, puis peser l'ensemble toutes les heures. Lorsque la différence entre les deux pesées consécutives n'est pas significative, le séchage est arrêté (obtention du poids constant).

3.7.1.3 Expression des résultats

La teneur en eau est définie comme étant la perte de masse subie dans les conditions de mesure. Elle est donnée par la formule suivante :

$$\text{Teneur en eau } (\%) = (Mo-M) / Mo \times 100$$

Mo : masse de la prise d'essai en gramme avant séchage.

M : masse de la prise d'essai en gramme après séchage..

Taux de la matière sèche (%) = 100 − Teneur en eau (%)

3.7.2 Matière minérale (cendres) (AFNOR, 1988)

La quantité de matières minérales d'une denrée est mesurée par dosage des cendres de cette denrée.

3.7.2.1 Principe

Incinération d'une prise d'essai dans le four à moufle à une température de 900°C jusqu'à combustion complète de la matière organique et on pèse le résidu obtenu.

3.7.2.2 Mode opératoire

Des capsules nettoyées et séchées sont pesées (m_1). Une prise d'essai de 5 g est mise dans chacune de ces capsules ensuite placées dans le four à moufle à 900 °C pendant 2 heures.

3.7.2.3 Expression des résultats

Taux de cendre est donné par la formule suivante :

$$(\%) = \frac{(m0 - m1)}{p} X 100$$

m_0: la masse de la capsule avec les cendres.

m_1: la masse de la capsule vide.

P: la masse de la prise d'essai.

NB : Toutes les méthodes d'analyse et les formules présentées dans ce paragraphe proviennent du recueil de normes **AFNOR (2000)**.

3.7.3 Densité relative à 20°C

3.7.3.1 Définition

Selon **Guenther (1972)**. La densité d'une HE est le rapport de la masse d'un volume d'HE à 20°C à celle du même volume d'eau distillée à 20°C. La densité relative est un critère important pour la détermination de la qualité et de la pureté de l'huile essentielle, sa valeur varie entre 0.696 et 1.28 à 20°C **(Bekhechi, 2002)**

3.7.3.2 Appareillage

- Pycnomètre en verre d'une capacité de 5 ml ;
- Thermomètre de précision gradué de 10 à 30°C ;
- Micropipette de 1 ml ;
- Une balance analytique, précision à 0,0001 g près ;
- Etuve.

3.7.3.3 Réactifs
- Eau distillée
- Acétone.

3.7.3.4 Mode opératoire
A l'aide d'un pycnomètre, peser successivement un même volume d'eau distillée (E) et d'huile essentielle (HE). Peser le pycnomètre vide (PV). Entre chaque mesure, le pycnomètre doit être soigneusement nettoyé avec de l'eau et de l'acétone et séché. Mesurer la température de l'huile essentielle.

3.7.3.5 Calcul
Densité relative à température ambiante :

$$D_{20} = m_{(P+HE)} / m_{(P+ED)}$$

Où :

m : masse

P : pycnomètre

ED : eau distillée à 20°C

HE : huile essentielle testée

3.7.4 Indice de réfraction à 20°C

3.7.4.1 Définition
L'indice de réfraction (IR) est le rapport entre le sinus de l'angle d'incidence et le sinus de l'angle de réfraction d'un rayon lumineux de longueur d'onde déterminée, passant de l'air dans l'huile essentielle maintenue à une température constante.

3.7.4.2 Mode opératoire
On a utilisé un réfractomètre d'ABBE UNIVERSEL RF 490 (appareil N°02 211 024).
Régler le réfractomètre en mesurant l'indice de réfraction de l'eau distillée qui doit être de 1,333 à 20°C. Placer quelques gouttes d'huile essentielle sur le prisme de manière à ce qu'elle le recouvre complètement. Observer par l'oculaire. Une ligne de séparation entre la partie claire et la partie sombre apparaît dans le champ de vision. Lire la mesure.

3.8 Examens phyto-chimiques

Les parties aériennes de *Matricaria pubescens* et *Cotula cinerea*, ont été broyées puis soumises aux tests phytochimiques. Trois solvants d'extraction de polarités différentes (eau, éther diéthylique et l'éthanol) sont employés. La méthode d'extraction consiste à porter l'échantillon de la plante au reflux dans l'un des solvants cités ci-dessus pendant 1h.

Cette technique permet d'extraire la plupart des familles de composés chimiques présentes dans les plantes étudiées (voir annexe).

3.8.1 Mise en évidence des Flavonoïdes

Traiter 5 mL d'extrait alcoolique avec quelques gouttes de HCL concentré et 0.5 g de tournures de magnésium. La présence des Flavonoïdes est mise en évidence si une couleur rose ou rouge se développe en l'espace de 3 min.

3.8.2 Mise en évidence des Tanins

A 1 mL de solution alcoolique, ajouter 2 mL d'eau et 2 à 3 gouttes de solution de $FeCl_3$ diluée. Un test positif est révélé par l'apparition d'une coloration verte foncé ou bleue verte indique la présence des tanins.

3.8.3 Mise en évidence des Alcaloïdes

Deux tests ont été réalisés :

- 20 mL de l'extrait éthonolique sont évaporés à sec, ajouter 5 mL d'HCl (10%) au résidu et chauffer dans un bain marie, filtrer le mélange puis diviser le filtrat en deux parties égales, traiter la première avec quelques gouttes de réactif de Mayer (voir annexe) et la seconde avec le réactif de Wagner (voir annexe).

Observation présence de turbidité ou précipitation.

- Evaporer 10mL de solution étherique, le résidu obtenu est dissout dans 1.5 mL d'HCl (2%) ajouter à la solution aqueuse alcaline 1 à 2 gouttes du réactif de Mayer (voir annexe). La formation d'un précipité blanc jaunâtre indique la présence des alcaloïdes bases.

3.8.4 Mise en évidence des stérols et stéroïdes

Concentrer la solution étherique. Traiter le résidu obtenu avec la réaction de Liebermann Burchardt (voir annexe). Un test positif est révélé par l'apparition d'une coloration verte voilette ou verte bleue.

3.8.5 Mise en évidence des saponosides

A 2 mL de la solution aqueuse, additionnée d'un peu d'eau, ensuite agiter fortement. Une écume persistante confirme la présence des saponosides. Classifier la teneur en saponosides :

- Pas de mousse = test négatif,
- Mousse moins de 1 cm = test faiblement positif,
- Mousse de 1-2 cm = test positif,
- Mousse plus de 2 cm = test très positif.

3.8.6 Mise en évidence d'Amidon

Traiter 5 mL de la solution préparée avec le réactif d'amidon (voir annexe). L'apparition d'une coloration bleue violacée indique la présence d'amidon.

3.8.7 Mise en évidence des Terpènes

Evaporer 20 mL de solution éthérique. Le résidu ainsi obtenu est dissout dans l'éthanol. La solution éthanolique obtenue est ensuite concentrée à sec.

Un test positif est révélé par l'obtention d'un résidu arome.

3.9 Etude du pouvoir antimicrobien des huiles essentielles de *Cotula cinerea* et *Matricaria pubescens*

3.9.1 Provenance des germes étudiés

Les souches pathogènes étudiées sont présentées dans le tableau 1.

Tableau 1 : Origine des souches

Souches	Origine
Moisissures :	
Aspergillus flavus	Orge (laboratoire de Bechar)
Penicillium jensinii	Epices (laboratoire de Bechar)
Penicillium sp	Blé tendre (laboratoire de Bechar)
Penicillium expamsum	Epices (laboratoire de Bechar)
Bactéries :	
Pseudomonas aeruginosa	ATCC 10145 (laboratoire de Tlemcen. Mr Abdelouahid)

Enterobacter cloacae	ATCC 13047(laboratoire de Tlemcen. Mr Abdelouahid)
Staphylococcus aureus	M43 IV 9105(laboratoire de Tlemcen. Mr Abdelouahid)
Enterococcus faecalis	ATCC 19433(laboratoire de Tlemcen. Mr Abdelouahid)
Klebsiella pneumoniae	CIP 10681818(laboratoire de Tlemcen. Mr Abdelouahid)
Echerichia coli	ATCC 25922(laboratoire de Tlemcen. Mr Abdelouahid)
Salmonnella heidelberg	(laboratoire de Bechar. Mr Moussaoui)

Elles sont responsables des maladies infectieuses comme diarrhées, infections urinaires, infections nosocomiales: septicémies, méningite du nouveau-né, syndrome hémolytique-urémique, infections oculaires, et gastro-entérite aiguë.

3.9.2 Purification des germes étudiés (bactéries et moisissures)

Afin d'étudier le pouvoir antimicrobien des huiles essentielles de *Cotula cinerea* et *Matricaria pubscens,* on a utilisé des souches bactériennes et d'autres fongiques (moisissures) qui sont déjà identifiées provenant de laboratoire de Tlemcen « Monsieur Abdelouahide », et laboratoire de Bechar « Mr Moussaoui » ; il suffit donc de procéder à un test de pureté des souches à l'aide d'un repiquage de chaque souche sur un milieu de gélose nutritive.

3.9.3 Conservation des souches

Les souches utilisées ont été conservées à 4°C dans des tubes stérilisés, contenant 10 mL de milieu de culture incliné (PDA pour les moisissures et gélose nutritive pour les bactéries).

3.9.4 Les milieux de culture

Nous avons utilisé les milieux de culture selon les souches testées :
- Gélose nutritive et Gélose Mueller Hinton pour les bactéries,
- Milieu PDA pour les moisissures.

3.9.5 Préparation des prés cultures

3.9.5.1 Pré culture des bactéries

Pour la fixation de l'inoculum de départ, on a travaillé avec la méthode photométrique ; Pour chaque microorganisme, une colonie a été prélevée d'une culture (MH) de 24 h, ensuite diluée dans 10 mL d'eau physiologique stérilisée pour avoir une densité optique de 0.1. On admet que cette densité mesurée à 625 nm est équivalente à 10^6 CFU/mL.

3.9.5.2 Pré culture des moisissures

Dans des boites de pétri contenant le milieu PDA solide, on dépose un disque de chaque boite provenant d'une culture pure préparé au préalable, et on incube pendant 7 jours.

Remarque : Avant les tests, les souches ont subi une série de repiquage pour s'assurer de leur pureté.

3.9.6 Techniques d'étude du pouvoir antimicrobien des huiles essentielles de *Cotula cinerea* et *Matricaria pubescens*

3.9.6.1 Méthode contact direct

Selon la méthode rapportée par **Remmal et al. (1993) & Satrani et al. (2001).** Du fait de la non miscibilité des huiles essentielles à l'eau et donc au milieu de culture, la mise en émulsion a été réalisée grâce à une solution d'agar à 0,2 % afin de favoriser le contact germe/composé. A 9 mL de cette solution, on ajoute 1 mL d'huile essentielle.

On obtient une solution mère « SM », à partir de laquelle, on procédera à des délutions successives pour obtenir de différentes concentrations.

Des dilutions sont préparées au 1/10e, 1/20e, 1/50e, 1/100e, 1/120e, 1/1000e et 1/10000e dans cette solution d'agar.

Dans des tubes à essais contenant chacun 13,5 ml de milieu gélosé, stérilisés à l'autoclave (20 min à 121 °C) et refroidis à 45 °C, on ajoute 1,5 ml de chacune des dilutions de façon à obtenir les concentrations finales de 1/100, 1/200, 1/500, 1/1.000, 1/1200, 1/10.000 et 1/100.000 (v/v). Puis on agite convenablement les tubes avant de les verser dans des boîtes de Pétri. Des témoins, contenant le milieu de culture et la solution d'agar à 0,2 % seule, sont également préparés.

L'ensemencement des micro-organismes se fait en surface en nappe. L'incubation se fait à 37°±1°C pendant 24 heures pour les bactéries, à 25°±1°C pendant 7 jours pour les moisissures.

3.9.6.2 Méthode de disque « Vincent »

Le but de réaliser un antibiogramme est de prédire la sensibilité d'un germe à un ou plusieurs antibiotiques dans une optique essentiellement thérapeutique

(**Burnichon et Texier, 2003**) de même pour l'antifongigramme, qui consiste à déterminer la sensibilité des mycètes vis-à-vis d'un ou plusieurs antifongiques.

Les méthodes de diffusion ou antibiogramme standards sont les plus utilisés par les laboratoires de diagnostic. Des disques de papier buvard, imprégnés des antibiotiques à tester, sont déposés à la surface d'un milieu gélosé, préalablement ensemencé avec une culture pure de la souche à étudier. Dès l'application des disques, les antibiotiques se diffusent de manière uniforme. Après incubation, les disques s'entourent de zones d'inhibition circulaires correspondant à une absence de culture (**Guérin-Faublée et Carret, 1999**).

Application :

- **Antibiogramme :**

Dans des boites de pétri de 9 cm de diamètre, contenant du milieu Mueller Hinton , on fait ensemencer les bactéries ou les moisissures en surface (10^6 CFU) qui sont déjà vivifiés dans l'eau physiologique (10^6 CFU dans 10 mL . A l'aide d'une pince stérilisée, on fait distribuer les disque de 6 mm de diamètre contenant 3 µL d'huile essentielle, on réalise 2 à 3 disques par boite.

Les boites sont incubées à température ambiante pendant 30 min, ensuite dans une étuve à 37°C pendant 18 à 20 h.

La lecture des résultats se fait par la mesure de la zone d'inhibition, qui est représentée par une auréole formée autour de chaque disque ce que signifie l'absence de toute croissance.

- **Antifongigramme :**

L'ensemencement se fait par dépôt de fragments de 6 mm de diamètre, prélevés à partir de la périphérie d'un tapis mycélien et provenant d'une culture de 7 jours dans le milieu PDA. L'incubation se fait à l'obscurité pendant 7 j à 25 °C. Chaque essai est répété trois fois.

CHAPITRE 4
Résultats et interprétation

CHAPITRE IV
Résultats et discussion

4.1 Résultat du rendement par hydro distillation

a. *Matricaria pubescens* :

Les rendements obtenus pour *Matricaria pubescens* sont représentés dans la figure ci-dessous :

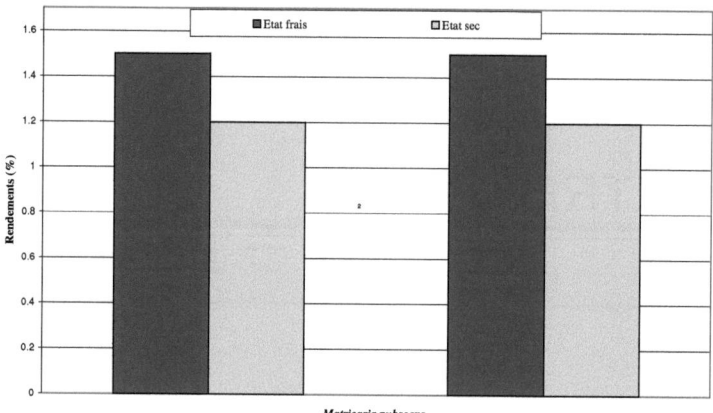

Figure 9 : Rendements en huile essentielle obtenus en état frais et état sec pour *Matricaria pubescens*

D'après la figure 9, on remarque que la moyenne des rendements de la plante *Matricaria pubescens* en huile essentielle à l'état frais est d'environ de 1.50% ; Légèrement supérieur à la moyenne des rendements obtenus à l'état sec (1.2%).

b. Cotula cinerea :

Les rendements obtenus pour *Cotula cinerea* sont représentés dans la figure ci-dessous :

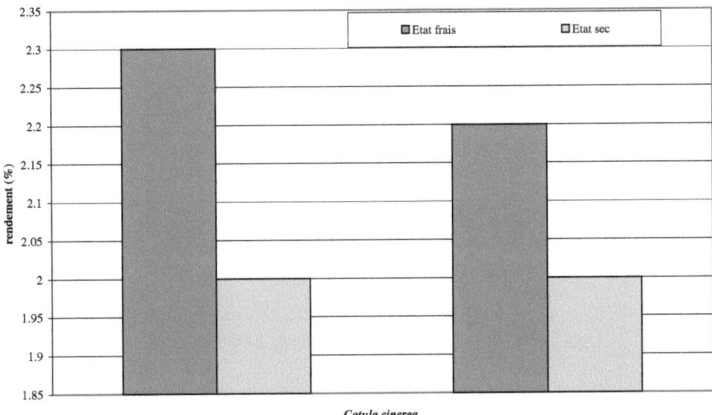

Figure 10 : Rendements en huile essentielle obtenus en état frais et état sec pour *Cotula cinerea*

Cet histogramme montre que la moyenne des rendements de la plante *Cotula cinerea* en huile essentielle à l'état frais est entre de 2.2% et 2.3%; Alors que la moyenne des rendements obtenus à l'état sec, qui est égale à 2%.

c. **Comparaison des rendements entre les deux plantes testées (*Matricaria pubescens* et *Cotula cinerea*)**

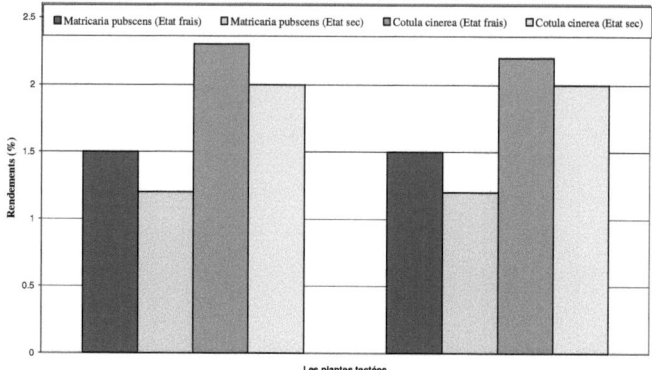

Figure 11 : Rendements des deux plantes testées (*Matricaria pubescens* et *Cotula cinerea*).

La teneur en huile essentielle des plantes étudiées est de 1,2 à 2% ; pour réaliser les analyses physico-chimiques, phytochimiques et microbiennes, nous avons effectué plusieurs distillations.

4.2 Propriétés organoleptiques des huiles essentielles

4.2.1 Propriétés organoleptiques de l'huile de *Cotula cinerea*

L'huile essentielle de *Cotula cinerea* est liquide, de couleur jaune pâle et possède une odeur douce caractéristique et fleurie.

4.2.2 Propriétés organoleptiques de l'huile de *Matricaria pubescens*

L'huile de *Matricaria pubescens* est liquide, de couleur jaune foncé et possède une odeur caractéristique et piquante

4.3 Résultats des tests physiques

4.3.1 Humidité :

La teneur en eau du matériel végétal diminue au cours du séchage.

Les taux d'humidité obtenus pour *Matricaria pubescens* et *Cotula cinerea* sont résumés dans le tableau 2.

Figure 12 : l'huile essentielle de *Matricaria pubescens*

Figure 13 : l'huile essentielle de *Cotula cinerea*

Tableau 2 : Taux d'humidité de deux plantes : *Cotula cinerea* et *Matricaria pubescens*.

Plantes testées	Humidité			
	plante fraîche		plante sèche	
	Essai 1	Essai 2	Essai 1	Essai 2
Matricaria pubescens	21.7%	20.8%	9.%	8.9%
Cotula cinerea	28.4%	26.40%	9.6%	9.5%

Le taux d'humidité de la plante fraîche *Matricaria pubescens* est de l'ordre de 21%, et atteint 9%, quand la plante devient sèche. Celui de la deuxième plante fraîche, varie entre 26.40% et 28.4%, et diminue à environ 9,50% quant la plante est sèche.

4.3.2 Cendres

Les mesures du taux de cendres des huiles essentielles de *Cotula cinerea* et *Matricaria pubescens*, sont reprises dans le tableau 3.

Tableau 3 : Taux de cendres de deux plantes: *Cotula cinerea* et *Matricaria pubescens*.

Plantes testées	Cendres	
Matricaria pubescens	9.3%	9.20%
Cotula cinerea	9.6%	9.4%

On constate que le taux de cendre des deux plante est notablement le même il est de l'ordre de 9%.

4.3.3 Indice de réfraction (IR)

Les résultats obtenus des indices de réfraction des huiles essentielle de *Cotula cinerea* et *Matricaria pubescens*, sont reprises dans le tableau 4.

Tableau 4 : Indice de réfraction des huiles essentielles de: deux plantes : *Cotula cinerea* et *Matricaria pubescens*.

Plantes testées	Indice de réfraction
Matricaria pubescens	1.421
Cotula cinerea	1.481

Les indices de réfraction des deux huiles sont sensiblement identiques est sont respectivement 1.421 et 1.481.

4.3.4 Densité relative

Les mesures de la densité relative des huiles essentielles de *Cotula cinerea* et *Matricaria pubescens*, sont mentionnées dans le tableau 5.

Tableau 5 : Densité relative des huiles essentielles de deux plantes: *Cotula cinerea* et *Matricaria pubescens*.

Plantes analysées	Densité relative à 20°C
Matricaria pubescens	0.853
Cotula cinerea	0.928

La densité relative de *Matricaria pubescens* est de 0.853, et celle de *Cotula cinerea* est de 0.928. On remarque que la densité de *Cotula cinerea* est un peu importante que celle de *Matricaria pubescens*.

4.4 Résultats des tests chimiques :
4.4.1 Les indices ((IA) et (IE) :

Les mesures d'IA et IE des huiles essentielles de *Cotula cinerea* et *Matricaria pubescens*, sont reprises dans le tableau 6.

Tableau 6: Indice d'acide des huiles essentielles de deux plantes : *Cotula cinerea* et *Matricaria pubescens*.

Plantes testées	Indice d'Acide	Indice d'Ester
Matricaria pubescens	0.8%	13.2%
Cotula cinerea	0.6%	34.50%

Le tableau ci-dessus montre que l'indice d'acide de l'huile essentielle de *Matricaria pubescens* est égal à 0.8%, et celui de *Cotula cinerea* est égale à 0.6%. Ce résultat indique que l'indice d'ester de l'huile essentielle de *Matricaria pubescens* est égal à 13.2%, il est deux fois et demi moins important que celui de *Cotula cinerea* (34.50%.)

4.4.2 Les tests phyto-chimiques

Les résultats des différents tests phyto-chimiques sont repris dans le tableau 7.

Tableau 7 : Caractéristiques phyto-chimiques des deux plantes : *Cotula cinerea* et *Matricaria pubescens*

	Cotula cinerea	*Matricaria pubescens*
Saponosides	++	++
Flavonoïdes	++	++
Stéroles	++	++
Terpènes	++	++
Tanins	++	++
Amidon	+	+
Alcaloïdes	-	-

++ : Présence forte.   + : Présence faible   - : Absence.

Ces résultats indique une forte présence des, Saponosides, Flavonoïdes, Tanins, Stérols et Terpènes ; une faible présence d'amidon et une absence des Alcaloïdes.

4.5 Résultat du test du pouvoir antimicrobien des huiles essentielles

4.5.1 Résultat de l'activité antibactérienne testée par la méthode des disques

Nous rappelant que la méthode utilisée est celle de Vincent, et que le disque déposé à la surface du milieu gélosé est chargé de 3 µL d'huile essentielle de *Cotula cinerea* et *Matricaria pubescens*. Les zones d'inhibition des différentes souches sont résumées dans le tableau 8.

Les valeurs représentées sont des moyennes de deux expérimentations différentes et indépendantes l'une de l'autre.

Tableau 8 : Moyenne de zones d'inhibitions des souches bactériennes des huiles essentielles de *Cotula cinerea* et *Matricaria pubescens*

	Diamètre de la zone en mm	
	Cotula cinerea	*Matricaria pubescens*
Enterococcus faecalis G^+	-	-
Salmonnella heidelberg G^-	-	-
Staphyloccocus aureus G^-	-	-
Klebsiella pneumoniae	20.7	18.5
Echerichia coli G^-	20	15
Pseudomonas aeruginosa G^-	-	-
Enterobacter cloacae G^-	55	35

- : Absence de zone d'inhibition

D'après le tableau 8, on remarque que les zones d'inhibitions obtenues par la méthode de Vincent varient entre 20 et 55 mm avec Les deux huiles essentielles de *Cotula cinerea* et *Matricaria pubescens*, vis-à-vis les souches bactériennes (*Klebsiella pneumoniae, Echerichia coli, Enterobacter cloacae*).

Avec les autres souches bactériennes (*Enterococcus faecalis, Salmonnella heidelberg, Staphyloccocus aureus* et *Pseudomonas aeruginosa*), il n y'a pas une zone d'inhibition.

4.5.2 Résultat de l'activité antibactérienne testée par la méthode de contact direct

Rappelons que la méthode employée est celle de contact direct, qui consiste à additionner aseptiquement l'extrait naturel dans le milieu de culture en état de fusion.

a. Cotula cinerea :

Les résultats de l'essai de l'activité antibactérienne des huiles essentielles de *Cotula cinerea* de la région de Bechar figurent dans le tableau 9 et 10.

Tableau 9 : Pouvoir antibactérien de l'huile essentielle de *Cotula cinerea* selon la méthode de contact direct.

Dilutions	témoin	SM	1/10 (10^{-1})	1/100 (10^{-2})	1/1000 (10^{-3})	1/10000 (10^{-4})
Enterococcus faecalis	++	-	-	++	++	++
Salmonnella heidelberg	++	-	-	++	++	++
Staphyloccocus aureus	++	-	-	-	++	++
Klebsiella pneumoniae	++	-	-	++	++	++
Echerichia coli	++	-	-	+-	++	++
Pseudomonas aeruginosa	++	-	-	++	++	++
Enterobacter cloacae	++	-	-	-	++	++

++ : Croissance importante   + : Croissance
+- : Croissance faible   - : Pas de croissance

D'après ce tableau toutes les bactéries dans le témoin ont poussé, par contre il y'a absence de croissance de toutes les souches dans la solution mère contenant 1ml d'huile essentielle dans 9ml .on remarque aussi l'absence de croissance de toute les souches testées dans la dilution (10^{-1}).

Dans la dilution 10^{-2}, seules *Staphyloccocus aureus* et *Enterobacter cloacae* n'ont pas poussé; On note également une faible croissance d'*Echerichia coli*. Alors que les dilutions 10^{-3} et 10^{-4} offrent une bonne croissance à toutes les souches testées.

Tableau 10: Pouvoir antibactérien de l'huile essentielle de *Cotula cinerea* selon la méthode de contact direct.

Dilutions	témoin	SM	1/10	1/15	1/17	1/20	1/50	1/100	1/200
Enterococcus faecalis	++	-	-	+-	+-	+-	+-	++	++
Salmonnella heidelberg	++	-	-	+	+	+	+	++	++
Staphyloccocus aureus	++	-	-	-	-	-	-	-	+
Klebsiella pneumoniae	++	-	-	+-	+-	+-	+	++	++
Echerichia coli	++	-	-	+-	+-	+-	+-	+-	++
Pseudomonas aeruginosa	++	-	-	+	+	+	+	++	++
Enterobacter cloacae	++	-	-	-	-	-	-	-	++

++ : Croissance importante   + : Croissance
+- : Croissance faible   - : Pas de croissance

D'après le tableau ci-dessus, on note la croissance de toutes les bactéries dans le témoin, par contre il y'a absence de toutes les souches au niveau de la solution mère contenant 1ml d'huile essentielle dans 9ml de la solution d'agar (0.2%), on remarque cette absence de croissance de toute les souches testées dans la dilution 1/10 (10^{-1}).

b. *Matricaria pubescens*

Les résultats de l'essai de l'activité antibactérienne des huiles essentielles de *Matricaria pubescens* de la région de Bechar figurent dans le tableau 11 et 12.

Tableau 11 : Pouvoir antibactérien de l'huile essentielle de *Matricaria pubescens* selon la méthode de contact direct.

Dilutions	témoin	SM	1/10 (10^{-1})	1/100 (10^{-2})	1/1000 (10^{-3})	1/10000 (10^{-4})
Enterococcus faecalis	++	+	+	+	++	++
Salmonnella heidelberg	++	+	+	+	++	++
Staphyloccocus aureus	++	-	-	-	++	++
Klebsiella pneumoniae	++	-	+-	+	++	++
Echerichia coli	++	-	+-	+-	++	++
Pseudomonas aeruginosa	++	+	+	+	++	++
Enterobacter cloacae	++	-	-	+-	++	++

++ : Croissance importante + : Croissance
+- : Croissance faible - : Pas de croissance

De la même façon avec *Matricaria* toutes les souches testées ont poussé dans le témoin, une absence de croissance dans la solution mère, à l'exception *Enterococcus faecalis, Salmonnella heidelberg, et Pseudomonas aeruginosa*. *Klebsiella pneumoniae* et *Echerichia coli* croissent à partir de la dilution 10^{-1}; On remarque que cette huile essentielle inhibe la croissance de *Staphyloccocus aureus* jusqu'à la dilution 10^{-3}, et pour *Enterobacter cloacae*, jusqu'à 10^{-2}.

Tableau 12 : Pouvoir antibactérien de l'huile essentielle de *Matricaria pubescens* selon la méthode de contact direct.

Concentration	témoin	SM	1/5	1/10	1/20	1/50	1/100	1/200
Enterococcus faecalis	+	+	+	+	+	+	+	++
Salmonnella heidelberg	+	+	+	+	+	+	+	++
Staphyloccocus aureus	+	-	-	-	-	-	-	+-
Klebsiella pneumoniae	+	-	+-	+-	+	+	+	++
Echerichia coli	+	-	+-	+-	+-	+-	+-	+
Pseudomonas aeruginosa	+	+	+	+	+	+	+	++
Enterobacter cloacae	+	-	-	-	-	+-	+-	+

++ : Croissance importante + : Croissance
+- : Croissance faible - : Pas de croissance

Ce tableau montre que *Staphyloccocus aureus* commence à pousser à partir de la dilution 1/200. *Enterobacter cloacae* à partir de 1/100. *Klebsiella pneumoniae et Echerichia coli*, montrent une légère croissance à partir de la dilution 1/5.

4.5.3 Résultat de l'activité antifongique (moisissures) testée par la méthode des disques

Il est à rappeler que la méthode employée est celle de Vincent, l'huile essentielle est déposée sous volume de 3 µL sur des disques de 6 mm de diamètre, les zones d'inhibition des différentes souches des huiles essentielles de *Cotula cinerea* et *Matricaria pubescens* sont résumées dans le tableau 13

Les valeurs représentées sont des moyennes de deux expérimentations différentes et indépendantes l'une de l'autre.

Tableau 13: Moyennes des zones d'inhibitions des souches fongiques des huiles essentielles de *Cotula cinerea* et *Matricaria pubescens*

	Diamètre de la zone en mm	
	Cotula cinerea	*Matricaria pubescens*
Penicillium jensinii	23.3	31.7
Penicillium sp	32.3	40
Penicillium expamsum	31.7	43.3
Aspergillus flavus	28.3	25.7

Par la méthode de Vincent, tous les tests sont positifs vis-à-vis les souches fongiques: *Penicillium jensinii, Penicillium sp, Penicillium expamsum* et *Aspergillus flavus*, et les moyennes de zones d'inhibitions obtenues varient entre 23.3 et 43.3 mm. Les moyennes de zone d'inhibition de l'HE de *Cotula cinerea* varient de 23.3 et 32.3.

Les moyennes de zone d'inhibition de l'HE de *Matricaria pubescens* ont des valeurs allant de 25.7 jusqu'à 43.3 mm.

Photo 1

Photo 2

Photo 3

Photo 4

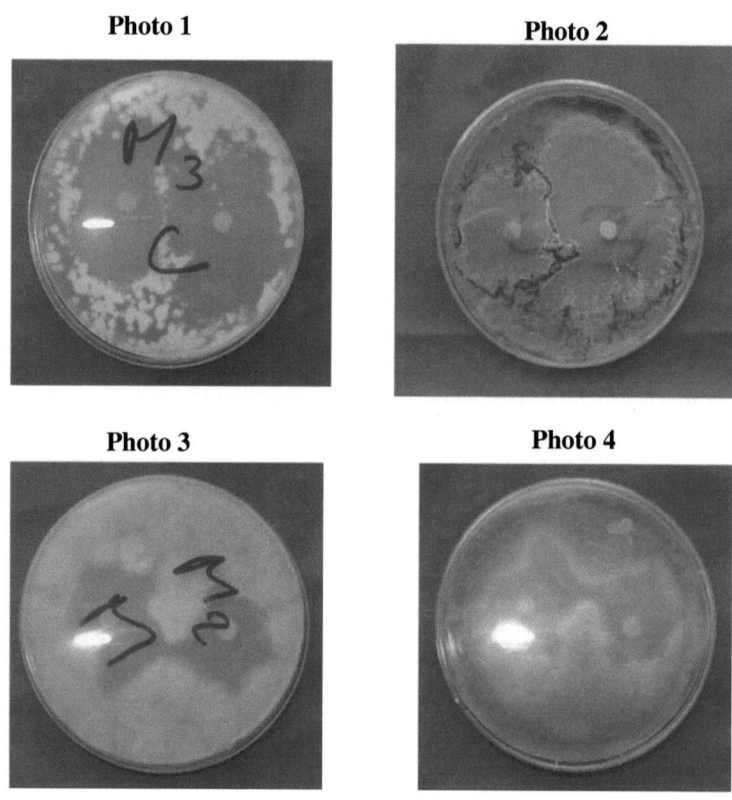

Figure 14 : Antibiogramme (*Cotula cinerea* et *matricaria pubescens*)

Photo 1 :Penicillium sp (Cotula cinerea)

Photo 2 :Penicillium expamum(Cotula cinerea)

Photo 3 :Aspergillus flavus (Matricaria pubescens)

Photo 4 : Aspergillus flavus (Cotula cinerea)

4.5.4 Activité antifongique (moisissures) testée par la méthode de contact direct

Rappelons que la méthode employée est celle de contact direct, qui consiste à additionner aseptiquement l'extrait naturel dans le milieu de culture en état de fusion.

a. Cotula cinerea

Les résultats de l'essai de l'activité antifongique des huiles essentielles de *Cotula cinerea* de la région de Bechar figurent dans le tableau 14

Tableau 14 : Pouvoir antifongique de l'huile essentielle de *Cotula cinerea* selon la méthode de contact direct.

Dilutions	témoin	SM	1/10 (10^{-1})	1/100 (10^{-2})	1/1000 (10^{-3})	1/10000 (10^{-4})
Aspergillus flavus	++	-	-	-	++	++
Penicillium sp	++	-	-	+	++	++
Penicillium expamsum	++	-	-	+	++	++
Penicillium jensinii	++	-	-	-	++	++

++ : Croissance importante   + : Croissance
+- : Croissance faible   - : Pas de croissance

D'après le tableau ci-dessus, on remarque que toutes les souches fongiques testées poussent dans le témoin, et non plus dans la solution mère et la dilution 10^{-1} de l'huile essentielle de *Cotula cinerea*.
On remarque Dans la dilution 10^{-2}, la croissance de *Penicillium expamsum* et *Penicillium sp*. On constate la croissance de toutes les souches testées dans les dilutions 10^{-3} et 10^{-4}.

b. Matricaria pubescens

Les résultats de l'essai de l'activité antifongique des huiles essentielles de *Matricaria pubescens* de la région de Bechar figurent dans le tableau 15.

Tableau 15 : Pouvoir antifongique de l'huile essentielle de *Matricaria pubescens* selon la méthode de contact direct.

Dilutions	témoin	SM	1/10 (10^{-1})	1/100 (10^{-2})	1/1000 (10^{-3})	1/10000 (10^{-4})
Aspergillus flavus	++	-	-	-	++	++
Penicillium sp	++	-	-	-	++	++
Penicillium expamsum	++	-	-	-	++	++
Penicillium jensinii	++	-	-	-	++	++

++ : Croissance importante   + : Croissance
+- : Croissance faible   - : Pas de croissance

D'après le tableau ci-dessus, on remarque que toutes les souches fongiques testées poussent dans le témoin, et non plus dans la solution mère et les deux dilutions 10^{-1} et 10^{-2} de l'huile essentielle de *Matricaria pubescens*,

On remarque la croissance de l'ensemble de souches testées (*Penicillium jensinii, Penicillium sp, Penicillium expamsum et Aspergillus flavus*) dans les dilutions 10^{-3} et 10^{-4}.

Tableau 16 : Concentration finale de l'huile essentielle de *Cotula cinerea* dans le milieu gélosé

	SM	1/10	1/100	1/1000	1/10000
Concentration finale de l'HE dans le milieu gélosé (mg/mL)	9280	92.8	9.28	0.928	0.0928
Concentration finale de l'HE dans le milieu gélosé (µg/mL)	9280000	92800	9280	928	92.8

Tableau 17 : Concentration finale de l'huile essentielle de *Matricaria pubescens* dans le milieu gélosé

	SM	1/10	1/100	1/1000	1/10000
Concentration finale de l'HE dans le milieu gélosé (mg/mL)	8530	85.3	8.53	0.853	0.0853
Concentration finale de l'HE dans le milieu gélosé (µg/mL)	8530000	58300	8530	853	85.3

Tableau 18 : Concentrations minimales inhibitrices (CMI) de l'huile essentielle de *Cotula cinerea* relatives aux souches testées

Souches microbiennes	Concentration minimale inhibitrice (CMI)			
	Rapport	mL/mL	mg/mL	µg/mL
Enterococcus faecalis	1/12	0.0833	77.33024	77330.24
Salmonnella heidelberg	1/11	0.0909	84.3552	84355.2
Staphyloccocus aureus	1/101	0.0099	9.1872	9187.2
Klebsiella pneumoniae	1/12	0.0833	77.33024	77330.24
Echerichia coli	1/12	0.0833	77.33024	77330.24
Pseudomonas aeruginosa	1/11	0.0909	84.3552	84355.2
Enterobacter cloacae	1/101	0.0099	9.1872	9187.2
Aspergillus flavus	1/100	0.01	9.28	9280
Penicillium sp	1/90	0.0111	10.31008	10310.08
Penicillium expamsum	1/90	0.0111	10.31008	10310.08
Penicillium jensinii	1/100	0.01	9.28	9280

Le tableau ci-dessus montre les différentes CMI obtenues de l'huile essentielle de *Cotula cinerea* relatives aux souches testées, dont on remarque les CMI obtenues varient entre 9.1872 mg/mL et 84.3552 mg/mL.

Tableau IV.18 : Concentrations minimales inhibitrices (CMI) de l'huile essentielle de *Matricaria pubescens* relatives aux souches testées

Souches microbiennes	Concentration minimale inhibitrice (CMI)			
	Rapport	mL/mL	mg/mL	µg/mL
Enterococcus faecalis	-	-	-	-
Salmonnella heidelberg	-	-	-	-
Staphyloccocus aureus	1/101	0.0099	8.4447	8444.7
Klebsiella pneumoniae	1/4	0.25	213.25	213250
Echerichia coli	1/4	0.25	213.25	213250
Pseudomonas aeruginosa	-	-	-	-
Enterobacter cloacae	1/40	0.025	21.325	21325
Aspergillus flavus	1/102	0.0098	8.36196	8361.96
Penicillium sp	1/100	0.01	8.53	8530
Penicillium expamsum	1/100	0.01	8.53	8530
Penicillium jensinii	1/105	0.0095	8.1238	8123.8

- : Insensible.

Le tableau ci-dessus montre les différentes CMI obtenues de l'huile essentielle de *Matricaria pubescens* relatives aux souches testées, dont on remarque les CMI obtenues varient entre 8.1238mg/mL et 213.25mg/mL. *Enterococcus faecalis*, *Salmonnella heidelberg* et *Pseudomonas aeruginosa*, sont insensibles.

4.6 Discussion

Toutes ces deux espèces présentent un rendement en huile essentielle faible.

Plusieurs distillations sont nécessaires pour avoir une quantité suffisante pour les analyses. Cette faible teneur serait probablement due à l'âge de la plante, à la période et à l'endroit de récolte.

L'effet de séchage observé sur *Cotula cinerea* et *Matricaria pubescens*, a diminué le rendement en huiles essentielles d'environ 20% après 13 jours de séchage à l'ombre. En d'autres thermes quand l'extraction des huiles essentielles se fait à l'état sec le rendement et moins important si ces mêmes plantes sont utilisées directement après la récolte c'est-à-dire sans subir un séchage préalable.

Signalant que le rendement avec *Cotula cinerea* est plus important importants que celui de *Matricaria pubescens*, que ce soit à l'état frais ou l'état sec.

En comparant les taux d'humidité de ces deux huiles, on peut dire que celle de *Cotula cinerea*, a une teneur en eau plus importante que celle de *Matricaria pubescens*; Le taux d'humidité devient pratiquement constant à la fin de la période de séchage.

A l'ombre la teneur en eau du matériel végétal diminue au cours du séchage. Elle passe de 20.8 à 9 %, et de 21.7 à 8.9% pour *Matricaria pubescens* et de 28.4 à 9.6% et de 26.40 à 9.5% pour *Cotula cinerea*.

Une huile de très haute qualité doit avoir une densité relative, un pouvoir rotatoire et un indice d'ester plus élevés qu'une huile de basse qualité, mais un IR plus bas. La valeur de l'indice de réfraction de *Cotula cinerea* qui égale à 1.481, et 1.421 pour *Matricaria pubescens* ; Les indices de réfraction mesurés correspondent aux normes. Les valeurs sont supérieures à l'indice de réfraction de l'eau à 20°C (1,333).

Alors que la densité des huiles essentielles de *Cotula cinerea* et *Matricaria pubescens*, sont inférieures à la densité relative de l'eau qui égale à 1.

Les indices d'acide mesurés pour *Cotula cinerea* et *Matricaria pubescens*, sont inférieurs à deux, est une preuve de bonne conservation de l'huile. En effet, une huile fraîche ne contient que très peu d'acides libres. C'est pendant la période de stockage que l'huile peut subir des dégradations telle l'hydrolyse des esters.

Une forte présence des, Saponosides, Flavonoïdes, Tanins, Stérols et Terpènes ; une faible présence d'amidon et une absence des Alcaloïdes, que possèdent les deux HE (*Cotula cinerea* et *Matricaria pubescens*) ; Ces famille possèdent de nombreuses vertus médicinales ; Antioxydants, anti-inflammatoires, antivirales et de lutter contre les infections.

Sur le plan de L'activité microbienne aucune zone d'inhibition n'a été observée autours des disques à la charge de 3 µl/disque a fin d'incubation des cultures bactériennes de *E. faecalis*,
S. heidelberg, S. aureus, P. aeruginosa. Ces souches possèdent un potentiel de résistance très élevé contre les huiles essentielles.

L'huile de *Matricaria pubescens* a montré une action moins importante par rapport à l'autre huile, les zones d'inhibition enregistrées sont comprises entre 15 et 35 mm.

L'huile essentielle de *Cotula cinerea* a présenté une activité avec des zones d'inhibition allant jusqu'à 55 mm. L'activité la plus élevée de *Cotula cinerea* a été notée contre la souche *Enterobacter cloaca*.

Le pouvoir antimicrobien de *Matricaria pubescens* le plus élevé a été observé contre *Enterobacter cloacae* avec un diamètre de 35 mm. par la méthode de Vincent on a remarqué que :

- *Klebsiella pneumoniae, Echerichia coli, Enterobacter cloacae* se sont montré sensibles vis-à-vis des deux huiles essentielles de *Cotula cinerea* et *Matricaria pubescens*.

- Une différence dans le pouvoir antibactériens des deux huiles de *Cotula cinerea* et *Matricaria pubescens*. Ainsi *Cotula cinerea* a une activité antibactérienne plus importante avec des zones d'inhibition comprises entre 20 et 55 mm.

L'huile essentielle de *Matricaria pubescens* a une activité antibactérienne sur *Klebsiella pneumoniae, Echerichia coli, Enterobacter cloacae* avec une moyenne de zone d'inhibition comprise entre 15 et 35 mm.

Par la méthode de contact direct, pour l'huile essentielle de *Cotula cinerea* : toutes les bactéries ont pousser dans les témoins, par contre il y'a absence de croissance de toutes les souches au niveau de la solution mère contenant 1ml d'huile essentielle dans 9ml de la solution d'agar (0.2%), ainsi qu'a la dilution 1/10 (10^{-1}).

A partir de la dilution 1/20 ; on constate qu'il y'a une croissance de la plus part de souches à l'exception de *Staphyloccocus aureus* et *Enterobacter cloacae*. Il en est de même pour la dilution 1/50, mis à part *Klebsiella pneumoniae* qui se favorise, et la dilution 1/100 ; Où on constate que la croissance de *Enterococcus faecalis, Salmonnella heidelberg, Klebsiella pneumoniae* et *Pseudomonas aeruginosa* est devenue importante.

A l'opposé l'huile essentielle de *Cotula cinerea*, permet la croissance d'*Enterococcus faecalis*
Salmonnella heidelberg, Klebsiella pneumoniae, Echerichia coli et Pseudomonas aeruginosa se manifeste à partir de la dilution 1/15 et se favorise en diminuant la concentration en huile essentielle.

La croissance de *Staphyloccocus aureus* et *Enterobacter cloacae* n'apparaît qu'à partir de la dilution 1/100.

La sensibilité des souches bactériennes testées par la méthode de contact direct avec l'HE de *Cotula* varie d'une souche à l'autre ; Ainsi *Staphyloccocus* et *Enterobacter*, sont les plus sensibles.

De la même façon avec l'huile essentielle de *Matricaria* par la méthode de contact direct, toutes les souches testées ont poussée dans le témoin, une absence de croissance dans la solution mère, à l'exception *Enterococcus faecalis, Salmonnella heidelberg, et Pseudomonas aeruginosa.*

Enterobacter cloacae pousse à partir de la dilution 1/100, *Staphyloccocus aureus* qu'à partir de la dilution 1/200.

Klebsiella pneumoniae et Echerichia coli, croissent dans la dilution 1/5.

Rappelons que les souches ; *Enterococcus faecalis, Salmonnella heidelberg, Staphyloccocus aureus* et *Pseudomonas aeruginosa* ont été insensibles à l'action de ces deux huiles essentielles par la méthode de Vincent.

Pour ce qui est de l'activité antifongique par la méthode de Vincent, l'huile essentielle de *Matricaria pubescens,* possède un important pouvoir anti-fongique vis-à-vis la majorité de souches testées (*Penicillium jensinii, Penicillium sp et Penicillium expamsum*) ; par rapport à l'huile essentielle de *Cotula cinerea.*

L'huile de *Cotula cinerea* a montré l'activité la moins importante par rapport à l'autre huile, vis-à-vis les trois souches *Penicillium jensinii, Penicillium sp, Penicillium expamsum* ses zones d'inhibition enregistrées entre 23.3 et 32.3 mm.

L'huile essentielle de *Matricaria pubescens* a présenté une activité avec des zones d'inhibition allant jusqu'à 43.3 mm. L'activité la plus élevée est obtenue avec l'huile de *Cotula cinerea* contre *Aspergillus flavus* avec 28.3 mm.

L'activité de l'huile essentielle de *Cotula cinerea* contre *Aspergillus flavus* est légèrement plus élevée que celle de *Matricaria pubescens.*

Par la méthode de Vincent les deux huiles essentielles ont un pouvoir antifongique presque similaire au pouvoir antibactérien.

Nous avons remarqué aussi que toutes les souches fongiques testées, sont avérées sensibles, contre l'action des deux huiles essentielles de *Cotula cinerea* et *Matricaria pubescens.*

L'activité antifongique par le contact direct, à montré que la sensibilité de toutes les souches fongiques testées se situe entre les dilutions 10^{-1} et 10^{-3} de l'huile essentielle de *Cotula cinerea*, et entre 10^{-2} et 10^{-3} de l'huile essentielle de *Matricaria pubescens* ; ce qui confirme les résultats obtenus par la méthode de Vincent.

Les deux essences sont actives sur toutes les moisissures testées, toutes les souches se sont inhibées à une concentration comprise entre 8.1238 mg/mL et 213.25mg/mL de milieu de culture,

La souche *Penicillium jensinii* ; est la plus sensible avec une CMI égale à 8.1238 mg/ml,

L'huile essentielle de *Cotula cinerea* a enregistrée la même CMI (77.33024 mg/mL) vis-à-vis de *Klebsiella pneumoniae* et *Echerichia coli*. Par contre avec l'HE de *Matricaria pubescens*, ces deux souches ont été plus résistantes avec une même CMI qui est égale à 213.25 mg/mL.

L'huile essentielle de *Matricaria pubescens*, a enregistrée une activité plus importante à celle de *Cotula cinerea*, sur *Penicillium sp*, *Penicillium expamsum et penicillium jensinii* ; successivement avec des CMI de (8.53 mg/ml, 9.28 mg/ml) ; La souche d'*Enterobacter cloacae* a été inhibé à la dose de 9.1872 mg/ml, en présence de l'huile de *Cotula cinerea*, par contre l'huile de *Matricaria pubescens*, l'inhibe à une dose de 21.325 mg/ml.

En somme, l'huile essentielle de *Matricaria pubescens* a un pouvoir antifongique vis-à-vis des souches testées plus important que l'huile de *Cotula cinerea* en particulier par les méthodes de disques et de contact direct.

Par contre par la méthode de contact direct l'huile essentielle de *Cotula cinerea*, possède un pouvoir antibactérien plus important que celui de *Matricaria pubescens*.

En fin Les huiles essentielles sont souvent fongistatiques plutôt que fongicides **(Motiejunaite et Peciulyte, 2004)**

Conclusion

Ce travail porte sur deux huiles essentielles de *Cotula cinerea* et *Matricaria pubescens*, récoltées dans la région de Bechar (Kenadza), les résultats obtenus montrent que :
- Le rendement de la plante *Matricaria pubescens* en huile essentielle à l'état frais est d'environ 1.5%, celui de *Cotula cinerea* et de 2.3%.
- Le rendement en huile essentielle, soit à l'état frais ou à l'état sec de *Cotula cinerea* est légèrement supérieur à celui de *Matricaria pubescens*.
- Les deux plantes sont récoltées durant la saison printanière (Février-Mai).

Ces deux plantes se distinguent également par d'autres caractéristiques à savoir :

. L'analyse physicochimique et les tests phytochimiques des deux huiles essentielles, sur le plan du pouvoir antimicrobien nous avons constaté, que les deux essences ont presque la même activité sur les souches testées.

Ainsi toutes les souches se sont inhibées à une concentration comprise entre 8.1 mg/ml et 84.3 mg/ml de milieu de culture,

Les souches *Salmonella heidelberg* et *Pseudomonas aeruginosa*, sont les plus résistantes, avec une CMI égale à 84.3 mg/ml, avec l'huile de *Cotula cinerea* ; en contre partie, l'effet de l'huile de *Matricaria pubescens* est négatif sur ces deux souches. La souche *Penicillium jensinii*, a été la plus sensible avec une CMI égale à 8.1 mg/ml, avec l'huile de *Matricaria pubescens*.
Avec l'huile de *Cotula cinerea*, la souche la plus sensible a été *Enterobacter cloacae* avec une CMI égale à 9.2 mg/ml.

Par la méthode de Vincent ces huiles essentielles ont un pouvoir antifongique presque similaire au pouvoir antibactérien.

Nous n'avons pas constaté cette similarité par la méthode de contact direct ; dont Les souches *Enterococcus fæcalis, Salmonella heidelberg, Pseudomonas aeruginosa, Klebsiella pneumoniae* et *Escherichia coli* ; sont insensibles à l'action de l'huile essentielle de *Matricaria pubescens*. On peut dire, que par la méthode de contact direct l'huile de *Cotula cinerea*, possède un pouvoir antibactérien plus important que celui de *Matricaria pubescens*.

L'huile essentielle de *Matricaria pubescens* a été plus active par rapport à l'huile de *Cotula cinerea* sur les moisissures testées, avec les deux méthodes utilisées (disques et contact direct).

A la lumière des résultats obtenus et vu l'importance de ces deux plantes dans la région nous suggérons de compléter cette contribution par d'autre approches:

- Elargir le spectre des germes testés
- Utiliser d'autre méthode à fin de mieux évaluer le pouvoir antimicrobien.
- Il serait intéressant d'analyser la composition chimique des deux huiles essentielles de *Cotula cinerea* et *Matricaria pubescens*, par chromatographie en phase gazeuse couplée à la spectrométrie ;
- Pratiquer un fractionnement de ces huiles essentielles et étudier le pouvoir de chaque fraction.

Références bibliographiques

1- **Abdoun Fatiha, 2002.** Journal of Ethnopharmacology, Cupressus dupreziana A. Camus : répartition, dépérissement et régénération au Tassili n'Ajjer, Sahara centralCupressus dupreziana A. Camus: distribution, decline and regeneration on the Tassili n'Ajjer, Central Sahara. Comptes Rendus Biologies, Volume 325, Issue 5, May, Pages 617-627 Mohamed Beddiaf

2- **Académie d'Amiens, 2005**
http://www.ac-amiens.fr/pedagogie/associations/chaalis/techniqu.htm

3- **AFNOR :** Association Française de normalisation

4- **Ahmad N. *et al.* 2005.** Antimicrobial activity of clove oil and its potential in the treatment of vaginal candidiasis, J. Drug. Target, Dec, 13(10): 555-61.

5- **Andrews, F. W. 1950–1956.** The flowering plants of the Anglo-Egyptian Sudan. (f Sudan)

6- **Applequist, W. L., 2002.** A reassessment of the nomenclature of *Matricaria* L. and *Tripleurospermum* Sch Bip. (Asteraceae). Taxon 51:759. [= *M. chamomilla* var. *recutita* (L.) Fiori].

7- **BALZ R., 1986.** Les huiles essentielles et comment les utiliser, 152 p.

8- **Baratta M.T. *et al.* 1998.** Chemical composition and antioxidative activity of laurel, sage rosemary, oregano and coriander essential oils, J. Essent. Oil Res., 10: 618-27.

9- **Bekhechi-Benhabib, C., 2001.** Analyse d'huile essentielle d'Ammoïdes verticillata (Nûnkha) de la region de Tlemcen et étude de son pouvoir antimicrobien. Thèse de magister, Algérie, Institue de Biologie – Faculté des Sciences, Université Abou Bekr Belkaid de Tlemcen.

10- **BEKHECHI Née BENHABIB Chahrazed, 2002 ;** « analyse de l'huile essentielle *d'Ammoides verticillata* (Nùnkha) de la région de Tlemcen et étude de son pouvoir antimicrobien », mémoire de magistère. Université de Tlemcen.

11- **BEENTJE H.J., 2002.** Flora of Tropical East Africa, Vol, page 315.

12- **Berche P., 1997.** Les antibiotiques demain, Médecine thérapeutique, 3, Hors série, 4-6.

13- **Bisset, N. G., 1994.** Herbal drugs and phytopharmaceuticals. A handbook for practice on a scientific basis. (Herbal Drugs)

14- **Burnichon N. & Texier A. 2003.** l'antibiogramme : la détermination des sensibilités au antibiotiques. Des bastériologies.

15- **Burt S.A., 2003.** Antibacterial activity of selected plant essential oils against *Escherichia coli* O157:U7, Lett. Appl. Microbiol., 36(3): 162-7.

16- **Chami F. et al. 2005.** Oregano and clove essential oils induce surface alteration of Saccharomyces cerevisiae, Phytother. Res., May, 19(5): 405-8.

17- **Chami N. et al. 2004.** Antifungal treatment with carvacrol and eugenol of oral candidiasis in immunosuppressed rats, Braz. J. Infect. Dis., vol. 8 n° 3, Salvador June, doi: 10. 1590/S1413-86702004000300005.

18- **Clapham, A. R. et al., 1962.** Flora of the British Isles ed. 2. (F BritClap)

19- **CNDP, 2000:** http://www.cndp.fr/gtd_phychim/pdf/ESEPC002.pdf

20- **Cox S. D., Mann C. M., Markham J. L., Bell H. C., Gustafson J. E., Warmington J. R., Wyllie S. G. 2000.** The mode of antimicrobial action of essential oil of *Melaleuca alterniflora* (tea tree oil). *J. of Applied Microbiology*, 88: 170 – 175.

21- **Cronquist, A. et al. 1972.** Intermountain flora. (Intermt F)

22- **Davis, P. H., 1965–1988.** Flora of Turkey and the east Aegean islands. (F Turk) [= *M. chamomilla* var. *recutita* (L.) Grierson].

23- **DFI OFSP, Avril 2008 ;** Département fédéral de l'intérieur, Office fédéral de la santé publique

24- **Dorman H. J. D., & Deans S. G., 2000.** Antimicrobial agents from plants: antibacterial activity of plant volatile oils. *J. of Applied Microbiology*, 88: 308 – 316.

25- **Douglas, G. W., 1995.** The Sunflower family (Asteraceae) of British Columbia. (Comp BritCol)

26- **Duke, J. A. et al. 2002.** CRC Handbook of medicinal herbs. (CRC Med Herbs ed2)

27- **Eriksson, O. et al. 1979.** Flora of Macaronesia: checklist of vascular plants, ed. 2. (L Macar ed2)

28- **Fournier, G., Baghdadi, H., Ahmed, S. S.,& Paris, M., 2006.** Planta Medica : Contribution to the study of *Cotula cinerea* essential oil., Laboratoire de Pharmacognosie, Faculté de Pharmacie, 92296 Châtenay-Malabry Cedex, France.

29- **Friedman M., Henika P. R., Mandrell R. E. (2002).** Bactericidal activities of plant essential oils and some of their isolated constituents against *Campylobacter* *jejuni, Escherichia coli, Listeria monocytogenes* and *Salmonella enterica. J. of Food Protection*, 65: 1545 – 1560.

30- Gleason, H. A. & A. Cronquist. 1963. Manual of vascular plants of northeastern United States and adjacent Canada. (Glea Cron)

31- Greuter, W., 1976. The flora of P sara (E. Aegean Islands, Greece) - an annotated catalogue. **Candollea** 31:227.

32- Grierson, A. J. C., 1974. Notes Roy. Bot. Gard. Edinburgh 33:253. [= *M. chamomilla* var. *recutita* (L.) Grierson].

33- Guérin-Faublée V. & Carret G. 1999. L'antibiogramme : principes, méthodologie, intérêt et limites. Journées nationales GTV-INRA.5-12

34- Guy Gilly., 1997. LES PLANTES À PARFUM ET HUILES ESSENTIELLES A GRASSE, l'Harmattan,

35- Hammer K.A. *et al.* 1999,Antimicrobial activity of essential oils and other plant extracts, Journal of Applied Microbiology, 86, 985-990.

36- Humbert, J.-H., 1936. Flore de Madagascar et des Comores. (F Madag)

37- Inouye S. *et al.* 2001 Screening of the antibacterial effect of a variety of essential oils on respiratory tract pathogens, using a modified dilution assay method, J. Infect. Chemother., Dec, 7(4) ; 251-4.

38- Jarvis, C. E. et al. 1992. Seventy-two proposals for the conservation of types of selected Linnaean generic names, the report of Subcommittee 3C on the lectotypification of Linnaean generic names. Taxon 41:566.

39- JEAN V. & JIRI S., 1983. Plantes médicinales. 250 illustrations en couleurs. Ed. Larousse, Paris, 319 p.

40- Jeffrey, C., 1979. Note on the lectotypification of the names *Cacalia, Matricaria* L. and *Gnaphalium* L. **Taxon** 28:350.

41- KAABECHE, 2003. Conservation de la biodiversité et gestion durable des ressources naturelles étude sur la réhabilitation de la flore locale au niveau de la réserve d'el mergueb (wilaya de Msila, ALGERIE) décembre, Rapport établi par Mohammed KAABECHE

Professeur, Université Ferhat Abbas – Sétif Faculté des Sciences

Laboratoire Biodiversité et Ressources Phytogénétiques Sétif, 19.000, Algérie

42- Komarov, V. L. *et al.* 1934–1964. Flora SSSR. (F USSR)

43- Lewis, W. H., 1992. Allergic potential of commercial chamomile, *Chamaemelum nobile* (Asteraceae). **Econ. Bot.** 46:426.

44- **MAIZA K., Brac de la Perrière.A., & HAMMICHE V., 1993.** Pharmacopée traditionnelle saharienne : Sahara septentrional. Laboratoire de botanique médicale, département de pharmacie, INESSWAlger.Unité de Recherche sur les Zones Arides, BP 119, Alger-gare ; Actes du 2e Colloque Européen d'Ethnopharmacologie et de la 11e Conférence internationale d'Ethnomédecine, Heidelberg 24-27 mars.

45- **Markle, G. M. et al. 1998.** Food and feed crops of the United States, ed. 2. (Food Feed Crops US)

46- **Marrouki née Bousmaha Leila, 2007** « Contribution A La Valorisation d'Espèces Végétales Aromatiques des Genres Lavandula et Thymus d'Algérie : Analyse des Huiles Essentielles par CPG, CPG-SM et RMN^{13}C et Etude de leur Pouvoir Antimicrobien Sur des Genres d'Origine Hospitalière », mémoire de magistère. Université de Tlemcen.

47- **Leung, A. Y. & S. Foster. 1996.** Encyclopedia of common natural ingredients used in food, drugs, and cosmetics, ed. 2. (Ency CNatIn)

48- **McGuffin, M., J. T. Kartesz, A. Y. Leung, & A. O. Tucker. 2000.** Herbs of commerce, ed. 2. (Herbs Commerce ed2)

49- **Meikle, R. D., 1977–1985.** Flora of Cyprus. (F Cyprus)

50- **Mouterde. P., 1966.** Nouvelle flore du Liban et de la Syrie. (F Liban)

51- **Mokhtari. A.,. Brahimi. K & R. Benziada. 2008.** Architecture et confort thermique dans les zones aridesApplication au cas de la ville de Bechar ; Revue des Energies Renouvelables Vol. 11 N°2 (2008) 307 – 315 ; Centre Universitaire de Béchar

52- **Oberprieler, C., 2004.** On the taxonomic status and the phylogenitic relationships of some unisspecific Mediterranean genera of Compositae-Anthemideae I.Brocchia, Endopappus and Heliocauta.-Willdenowia 34:39-57.-ISSN 0511-9618; © BGBM Berlin-Dahlem.

53- **Ohno T. et al. 2003.** Antimicrobial activity of essential oils against Helicobacter pylori, Helicobacter, Jun, 8(3) : 207-15.

54- **Onawunmi G.O. et al. 1984.** Antibacterial constituents in the essential oil of Cymbopogon citratus Stapf, J. Ethnopharmacol., Dec, 12(3) : 279-86.

55- **OUSSALAH M., S. CAILLET & M. LACROIX., 2006.** Mechanism of Action of Spanish oregano, Chinese cinnamon and savory essential oils on Escherichia coli O157:H7 and Listeria monocytogenes. Journal of food Protection. 69 (5), 1046-1055,

56- **OUSSALAH M., S. CAILLET, L. SAUCIER & M. LACROIX., 2007.** Inhibitory effects of selected plant essential oils on four pathogen bacteria growth: E. coli O157:H7, Salmonella typhimurium, Staphylococcus aureus and Listeria monocytogenes. Food Control. 18 (5), 414-420,

57- **Ozenda.p., 1958.** Flore du Sahara septentrional et central, professeur à la faculté des sciences de grenoble, centre national de la recherche scientifique.

58- **Ozenda, P., 1977.** Flore du Sahara, ed. 2. (F Sahara)

59- **OZENDA P., 1979** - Flore du Sahara. Ed CNRS, Paris, 622 p.

60- **OZENDA P.,** 1983, Flore du Sahara; C.N.R.S., Paris.

61- **Pattnaik S. et al. 1998.** Antibacterial and antifungal activity of aromatic constituents of essentials oils.

62- **Quézel, P. & S. Santa. 1962–1963.** Nouvelle flore de l'Algérie. (F Alger)

63- **Rayour et al., 2003.** Mechanism of bactericidal action of oregano and clove essential oils and of their phenolic major components in Escherichia coli and *Bacillus subtilis,* The Journal of Essential oil Research, Sept-Oct.

64- **Rechinger, K. H., 1963.** Flora iranica. (F Iran)

65- **Rehm. S., 1994.** Multilingual dictionary of agronomic plants. (Dict Rehm)

66- **Remmal A. et al. 1993.** Improved method for determination of antimicrobial activity of essential oils in agar medium. *J. Essent. Oils Res.,* 5(2), 179-184.

67- **Satrani B. et al. 2001.** Composition chimique et activité antimicrobienne des huiles essentielles de *Satureja calaminthe* et *Satureja alpina* du Maroc. *Ann. Falsif. Expert. Chim.,* 94(956), 241-250.

68- **Scoggan, H. J., 1978–1979.** The flora of Canada, 4 vol. (F Canada)

69- **Senouci Bereksi, 2006.** Activité antibactérienne des huiles essentielles de trois plantes aromatiques de la région de Tlemcen (*thymus capitatus*(L.) hoffman et link, *salvia officinalis* (L.), *lavandula dentata* (L.)), mémoire de magistère. Université de Tlemcen.

70- **Stace. C., 1995.** New flora of the British Isles (F BritStace)

71- **Täckholm, V., 1974.** Students' flora of Egypt, ed. 2. (SF Egypt)

72- **Tang, H.Q., Hu, J., Yang, L. & Tan, R.X.2000.** Terpenoid and flavonoids from Artemesia species. Planta Med. 66:391-393.

73- **Turrill, W. B. et al., 1952.** Flora of tropical East Africa. (F TE Afr)

74- **UNESCO, 1960.** Les plantes médicinales des régions arides. Recherches sur les zones arides, Paris, 99 p.

75- Université de Jussieu, 2004 : http://www.snv.jussieu.fr/vie/dossiers/aromes/nature-arome/aromes.htm
76- Vossen, H. A. M. van der & M. Wessel. 2000. Stimulants. **Plant Resources of South-East Asia (PROSEA). (Pl Res SEAs)** 16:86.
77- WEISS, 2002: http://www.verdan.ch/ecole/ParfumDosPed.pdf
78- Willem., 2002. Les Huiles Essentielles ; Médecine D'Avenir Jean-Pierre, Ed Dauphin,
79- WILLEM J.P., 2004. Les huiles essentielles, médecine d'avenir, 318 p.
80- Zohary, M. & N. Feinbrun-Dothan. 1966. Flora palaestina. (F Palest)
81- [@1] : http://www.sahara-nature.com/plantes.php?aff=nom&plante=cotula%20cinerea
82- [@2] : http://www.sahara-nature.com/plantes.php?aff=nom&plante=matricaria%20pubescens
83- [@3] : http://fr.wikipidia.org/wiki/tela-Botanica (**France métro**) : *Matricaria*

ANNEXE

ANNEXE A :

RENDEMENTS EN HUILES ESSENTIELLES

Tableau 1 : Rendement en huile essentielle des deux plantes: *Cotula cinerea* et *Matricaria pubescens*.

Plantes testées	Rendement			
	Plante fraîche		Plante sèche	
Matricaria pubescens	1.5%	1.5%	1.2%	1.2%
Cotula cinerea	2.3%	2.2%	2%	2%

ANNEXE B :

EXAMEN PHYTOCHIMIQUE

1. **Produit végétal épuisé avec l'éthanol :**

   Dans le ballon mono col, surmonté d'un réfrigérant, mettre 50 g de matériel végétal en présence de 300 mL d'éthanol. Porter l'ensemble à reflux pendant 1 h. filtrer le mélange, ensuite soumettre l'extrait éthanolique aux tests suivants :
   - Les alcaloïdes
   - Les flavonoïdes
   - Les tanins.

2. **Produit végétal épuisé avec l'éther diéthylique :**

   Dans un ballon, surmonté d'un réfrigérant à reflux, 50g de matière végétale sont portées à reflux dans 300 mL d'éther diéthylique et ce, pendant 1 h. le mélange filtré puis soumis aux différents tests suivants :
   - Les stérols et stéroïdes
   - Les alcaloïdes bases

3. **Produit végétal épuisé avec de l'eau chaude :**

   Dans le ballon mono col, surmonté d'un réfrigérant, mettre 50 g de racine en présence de 300 mL d'eau. Porter l'ensemble à reflux pendant 1h. Filtrer le mélange, ensuite soumettre l'extrait aqueux aux tests suivants :
   - Amidon
   - Saponosides

4. **Réactifs de caractérisations :**

a. **réactif de Mayer :**

Dissoudre 1.358 de $HgCl_2$ dans 60 mL d'eau. Dissoudre 5 g de Kl dans 10 mL d'eau. Mélanger les deux solutions puis ajuster de volume total à 100 mL d'eau. Les alcaloïdes donnent avec ce réactif un trouble puis un précipité blanc.

b. **réactif de Wagner :**

Dissoudre 2 g de Kl et 1.27 g de I$_2$ dans 75 Ml d'eau. Ajuster le volume total à 100 mL d'eau. Les alcaloïdes donnent avec ce réactif un précipité brun.

c. Réaction Liebermann Burchardt :

Mélanger 5 mL de solution à tester 5 mL d'anhydride acétique et quelques gouttes d'acide sulfurique concentré. Agiter et laisser la solution reposer 30 min à 21°C. Les stéroïdes donnent avec cette réaction une coloration violacée fugace virant au vert. Aussi, cette réaction donne avec les hétérosides stéroïdiques et triterpéniques respectivement les colorations verte-bleue et verte-violette.

ANNEXE C :

MILIEUX DE CULTURE

1. Gélose nutritive :

Dans 1L d'eau distillée :
- 5g peptone de gélatine
- 3g d'extrait de viande
- 15g d'agar bactériologique
- pH final 6.8 ±0.2 à 25°C

2. Mueller Hinton :

Dans 1L d'eau distillée :

- 300,0 ml d'infusion de viande de bœuf
- 17,5 g de peptone de caséine
- 1,5 g d'amidon
- 17,0 g d'agar
- pH = 7,4
- stériliser la gélose à l'autoclave durant 15 minutes à 116°C.

3. PDA :

Dans 1L d'eau distillée :
- 200g de pomme de terre
- 30g de saccharose
- 18g d'agar

Le milieu PDA a été préparé au laboratoire à base de pomme de terre, la moitié des autres milieux, est fabriqué au laboratoire et le reste provient de l'institut pasteur.

ANNEXE D :

TESTS ANTIMICROBIENS

1. Tests antibactériens :

Tableau 2: Diamètres des zones d'inhibitions des souches bactériennes des huiles essentielles de *Cotula cinerea* et *Matricaria pubescens* en mm.

	Diamètre de la zone active en mm			
	Cotula cinerea		*Matricaria pubescens*	
	Test 1	Test 2	Test 1	Test 2
Enterococcus fecalis G^+	Négatif	-	-	-
Salmonnella heindelberg G^-	-	-	-	-
Staphyloccocus aureus G^-	-	-	-	-
Klebsiella pneumoneae	15	27/20	14	23
Echerichia coli G^-	25	15	14	16
Pseudomonas aeruginosa G^-	-	-	-	-
Enterbacter cloacae G^-	50	60	34	36

2. Tests antifongiques :

Tableau 3 : Diamètres des zones d'inhibitions des souches fongiques des huiles essentielles de *Cotula cinerea* et *Matricaria pubescens* en mm.

	Diamètre de la zone			
	Cotula cinerea		*Matricaria pubscens*	
	Test 1	Test 2	Test 1	Test 2
Penicillium jensinii	20/25	25/40	35/25	35/45

Penicillium sp	27/44	38/32	40/55	40/
Penicillium expamsum	32/30	33/55	40/52	40/50
Aspergillus flavus	25/35	30/30	27/26	24/30

Oui, je veux morebooks!

i want morebooks!

Buy your books fast and straightforward online - at one of the world's fastest growing online book stores! Environmentally sound due to Print-on-Demand technologies.

Buy your books online at
www.get-morebooks.com

Achetez vos livres en ligne, vite et bien, sur l'une des librairies en ligne les plus performantes au monde!
En protégeant nos ressources et notre environnement grâce à l'impression à la demande.

La librairie en ligne pour acheter plus vite
www.morebooks.fr

OmniScriptum Marketing DEU GmbH
Heinrich-Böcking-Str. 6-8
D - 66121 Saarbrücken
Telefax: +49 681 93 81 567-9

info@omniscriptum.de
www.omniscriptum.de

Printed by Books on Demand GmbH, Norderstedt / Germany